Inhaltsverzeichnis

Dieses Arbeitsheft gehört: ____________________

Alle Aufgaben dieses Heftes sind einem von drei Schwierigkeitsgraden zugeordnet:

- leichte Aufgaben
- mittelschwere Aufgaben
- **schwere Aufgaben**

1 Bestimme die Bruchteile der Flächen.

a) 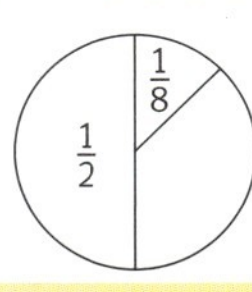

$\frac{1}{2}$, $\frac{1}{8}$

b) 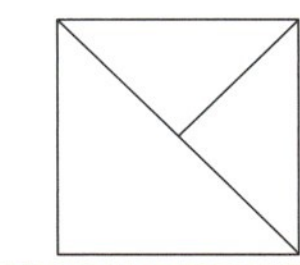

c) 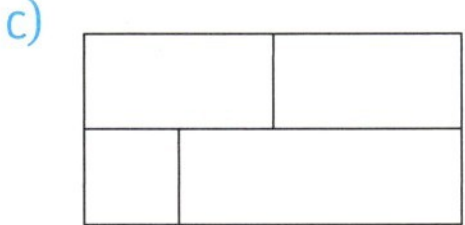

d) 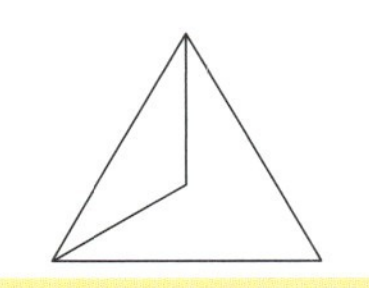

2 Welcher Bruchteil ist jeweils eingefärbt? Unterteile geschickt.

a) 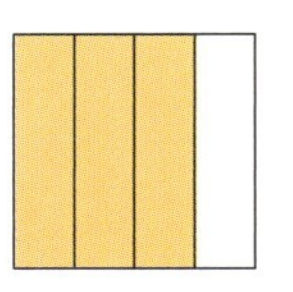

b) 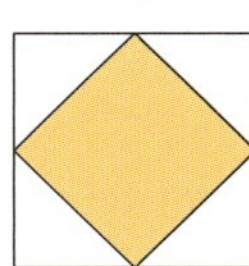

c) 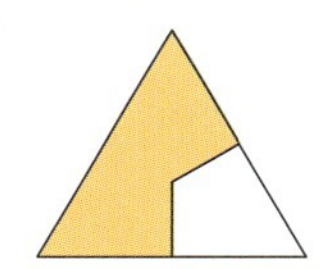

d) 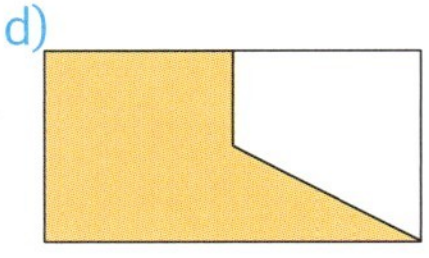

e) 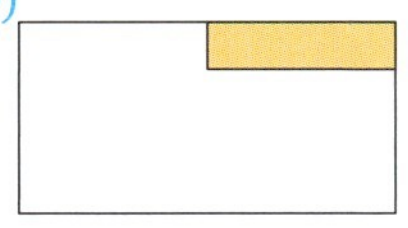

3 Schraffiere den angegebenen Bruchteil der Fläche.

a) $\frac{2}{3}$ 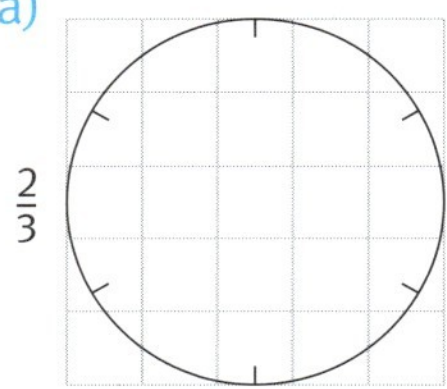

b) $\frac{7}{12}$ 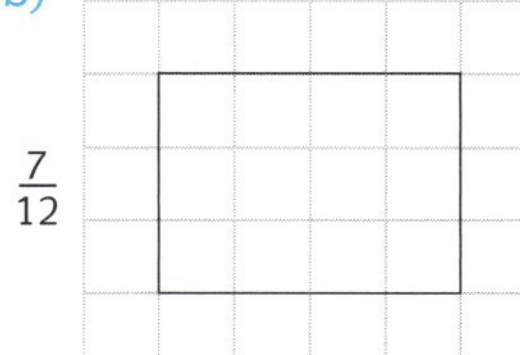

c) $\frac{3}{5}$ 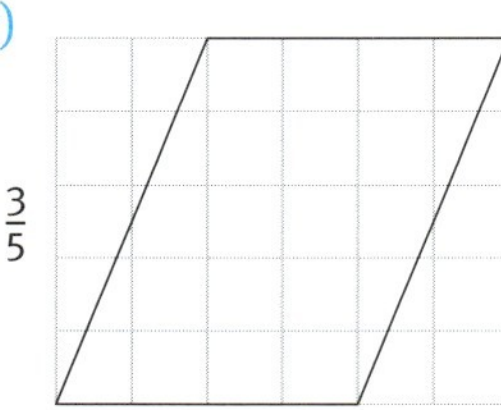

d) $\frac{1}{2}$ 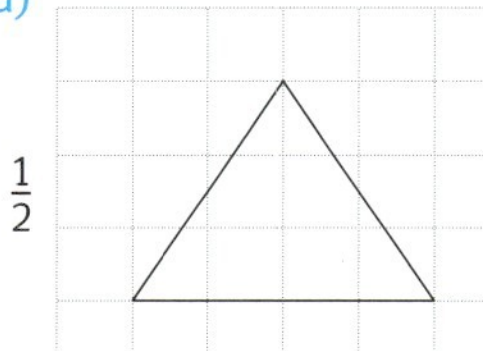

4 Zeichne ein.

a) $\frac{4}{5}$ der Länge:

b) $\frac{3}{10}$ der Länge:

5 Zeichne jeweils das Ganze.

a) 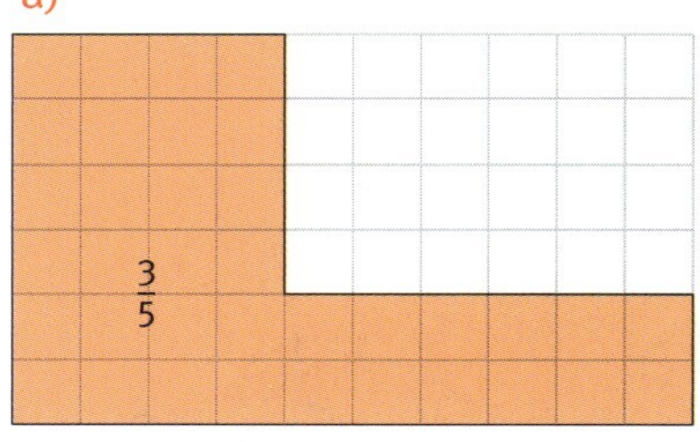

b) 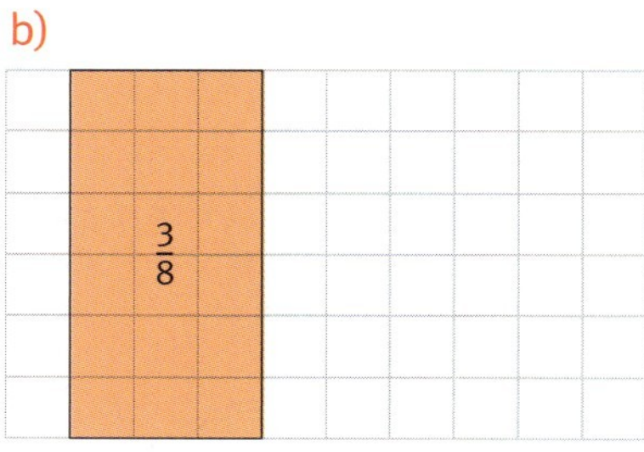

c) 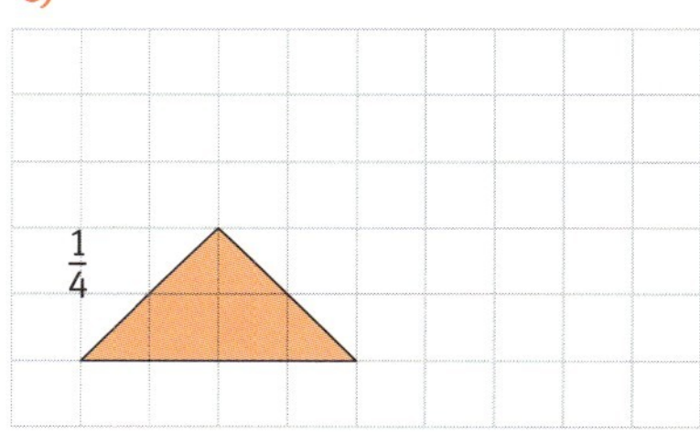

6 Bestimme den Anteil der gefärbten Kreisteile.

a) 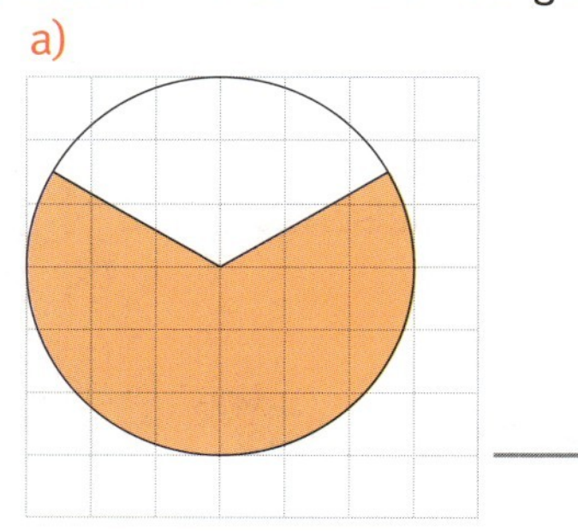

b) 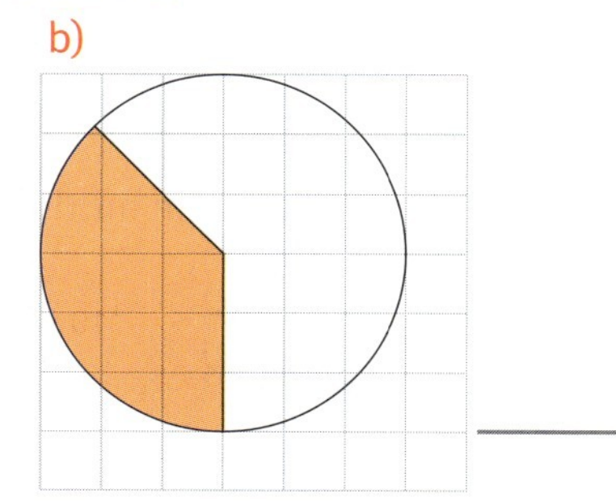

c) 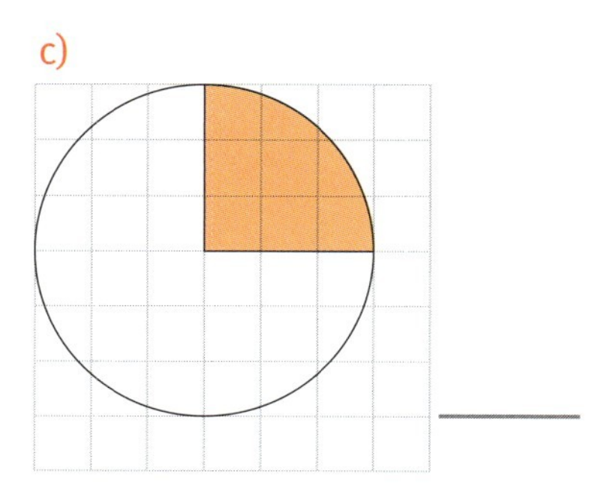

7 Wandle um.

$\frac{3}{4}$ km	h	$\frac{1}{5}$ kg	$1\frac{1}{2}$ hl	dm^2	$\frac{7}{10}$ m	kg
m	30 min	g	l	80 cm^2	dm	$2\frac{1}{8}$ t

1 Färbe die Bruchteile und vervollständige die Gleichungen. Je zwei Aufgaben sind gleich.

a) 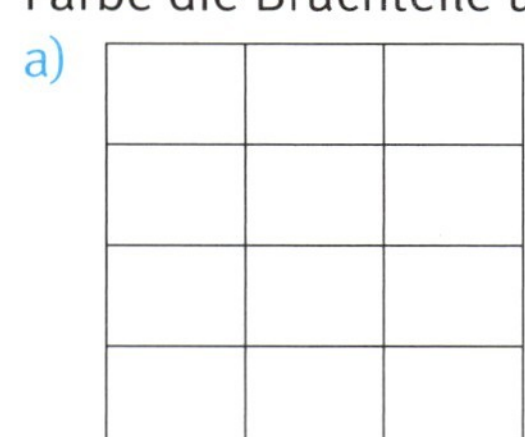

$\frac{8}{12}$ =

b) 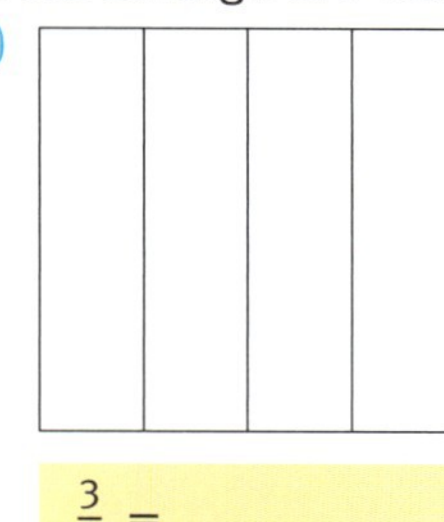

$\frac{3}{4}$ =

c) 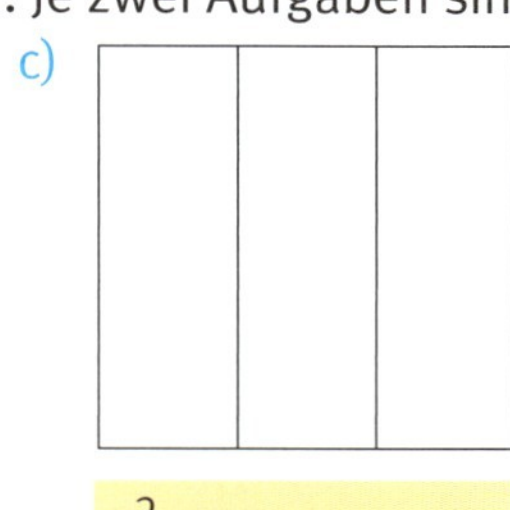

$\frac{2}{3}$ =

d) 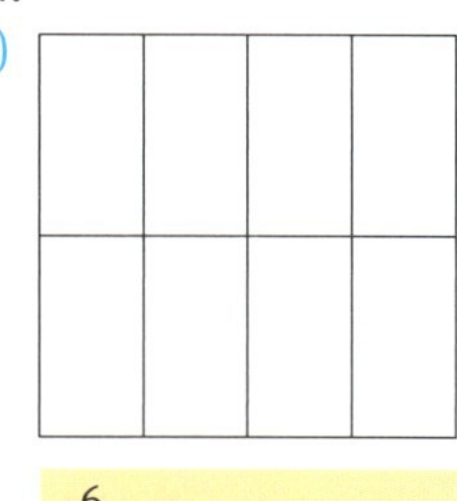

$\frac{6}{8}$ =

2 Erweitere folgende Brüche.

	Bruch	mit 2	mit 3	mit 4	mit 5	mit 7	mit 9	mit 11
a)	$\frac{2}{3}$							
b)	$\frac{3}{7}$							
c)	$\frac{4}{5}$							

3 Bestimme die Erweiterungszahl.

a) 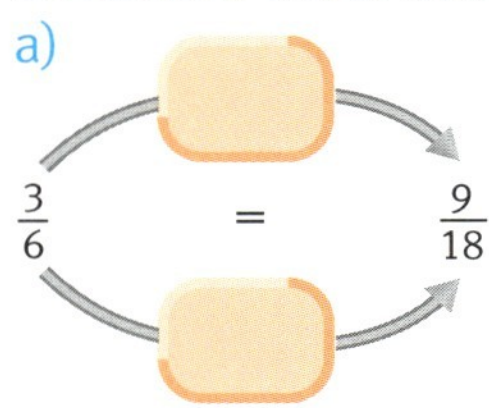

$\frac{3}{6} = \frac{9}{18}$

b) 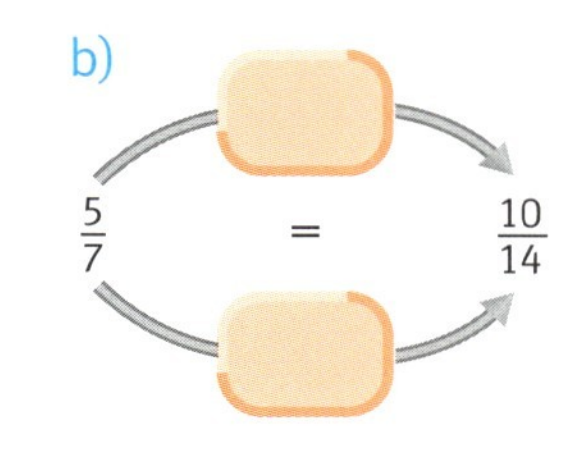

$\frac{5}{7} = \frac{10}{14}$

c) 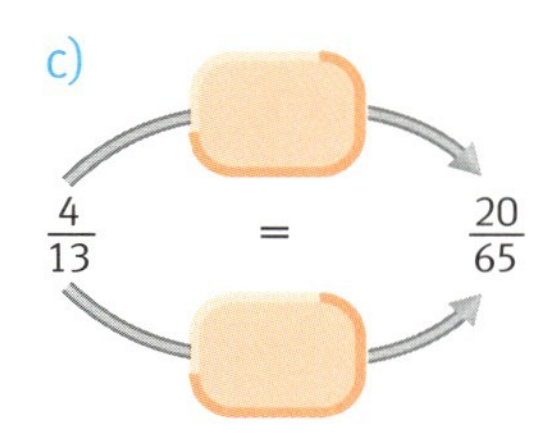

$\frac{4}{13} = \frac{20}{65}$

4 Kürze folgende Brüche.

mit 2	mit 3	mit 5	mit 7	mit 9
$\frac{6}{10}$ =	$\frac{18}{21}$ =	$\frac{15}{25}$ =	$\frac{14}{35}$ =	$\frac{18}{27}$ =
$\frac{8}{12}$ =	$\frac{15}{24}$ =	$\frac{30}{35}$ =	$\frac{28}{42}$ =	$\frac{36}{45}$ =

5 Bestimme die Kürzungszahl.

a) 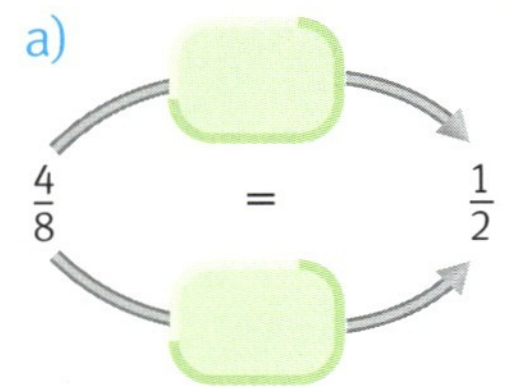

$\frac{4}{8} = \frac{1}{2}$

b) 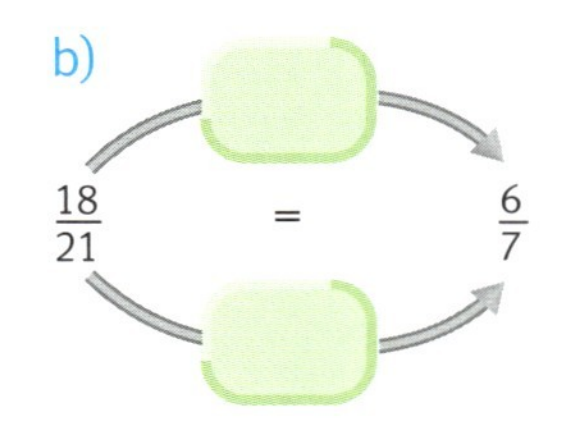

$\frac{18}{21} = \frac{6}{7}$

c) 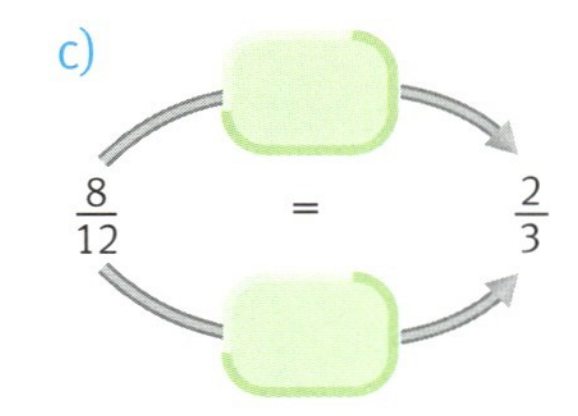

$\frac{8}{12} = \frac{2}{3}$

6 Welche der folgenden Brüche sind jeweils gleichwertig zum mittleren? Streiche die falschen durch.

a) 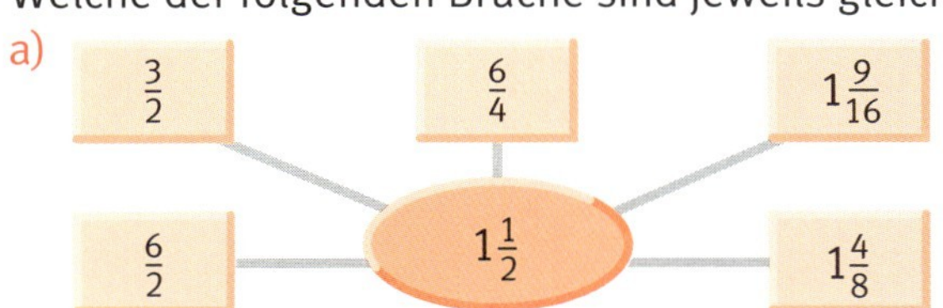

b) 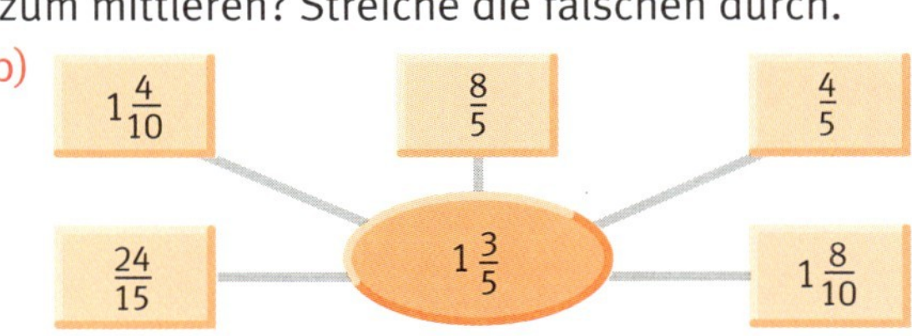

7 Male die jeweils drei gleichwertigen Brüche mit derselben Farbe aus.

$\frac{1}{2}$	$\frac{2}{3}$	$\frac{5}{6}$	$\frac{15}{18}$	$\frac{4}{8}$	$\frac{4}{5}$	$\frac{12}{16}$	$\frac{18}{24}$	$\frac{8}{20}$
$\frac{2}{5}$	$\frac{12}{15}$	$\frac{5}{10}$	$\frac{8}{12}$	$\frac{6}{9}$	$\frac{9}{12}$	$\frac{8}{10}$	$\frac{10}{12}$	$\frac{4}{10}$

Brüche ordnen und vergleichen

1 Ordne die folgenden Brüche dem Zahlenstrahl zu.

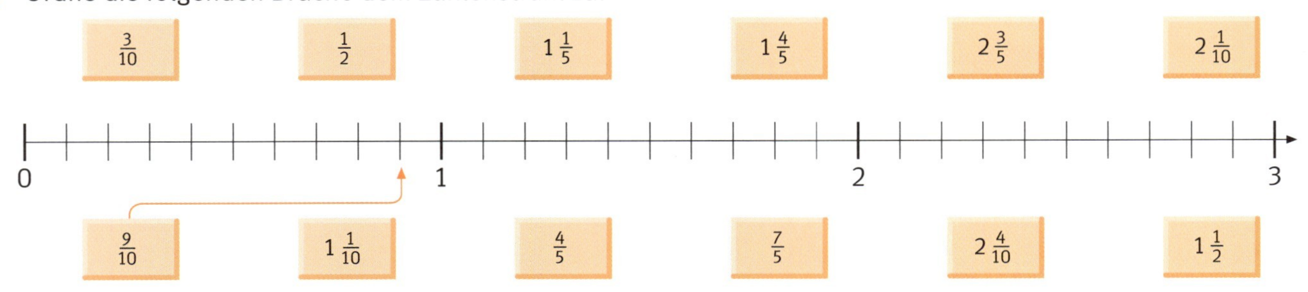

2 Welche Brüche kannst du ablesen? Notiere gemischte Zahlen mit gekürzten Brüchen.

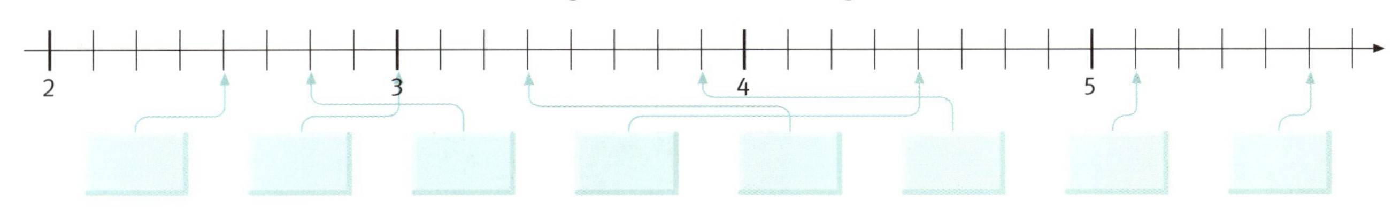

3 Susanne hat einige Brüche falsch abgelesen. Finde diese und schreibe sie richtig darunter.

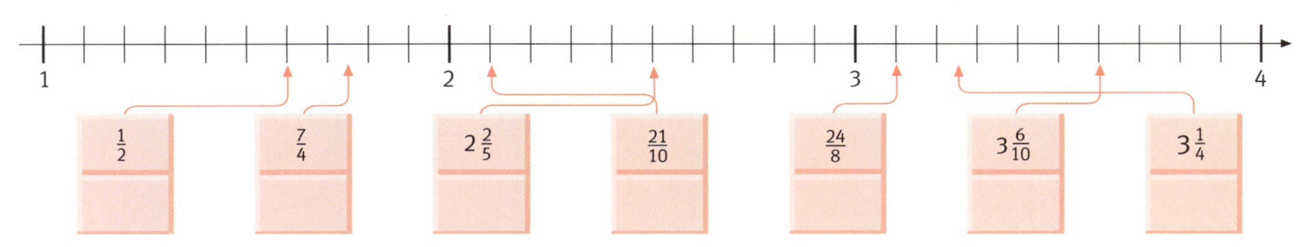

4 $<$, $>$ oder $=$?

a) $\frac{2}{3} \bigcirc \frac{11}{20}$ $\qquad \frac{1}{4} \bigcirc \frac{1}{3}$ $\qquad \frac{3}{4} \bigcirc \frac{4}{5}$ $\qquad \frac{3}{10} \bigcirc \frac{6}{20}$

b) $\frac{16}{20} \bigcirc \frac{4}{5}$ $\qquad \frac{7}{10} \bigcirc \frac{17}{20}$ $\qquad \frac{1}{4} \bigcirc \frac{2}{5}$ $\qquad \frac{3}{5} \bigcirc \frac{3}{4}$

5 Tante Karola kommt zu Besuch. Sie fragt Sophia: „Ich habe 40 € mitgebracht. Möchtest du davon lieber $\frac{1}{5}$ oder $\frac{1}{4}$ haben?“ Wie soll Sophia antworten? Begründe deine Meinung.

____

____

6 Richtig (r) oder falsch (f)? Prüfe nach.

a) $\frac{2}{3} < \frac{7}{8} < \frac{10}{11}$ ☐ $\qquad$ b) $\frac{2}{8} > \frac{1}{4} > \frac{1}{9}$ ☐

c) $\frac{16}{12} > \frac{1}{2} > \frac{2}{5}$ ☐ $\qquad$ d) $\frac{3}{10} < \frac{1}{3} < \frac{3}{4}$ ☐

e) $\frac{3}{5} < \frac{3}{4} < \frac{3}{2}$ ☐ $\qquad$ f) $\frac{3}{4} < \frac{2}{3} < \frac{4}{5}$ ☐

g) $\frac{8}{6} < \frac{8}{7} < \frac{8}{8}$ ☐ $\qquad$ h) $\frac{1}{1} < \frac{2}{2} < \frac{4}{4}$ ☐

i) $\frac{1}{5} < \frac{1}{4} < \frac{1}{3}$ ☐ $\qquad$ j) $\frac{0}{4} > \frac{0}{3} > \frac{0}{2}$ ☐

1 Addiere und subtrahiere mithilfe der Zeichnungen.

a)

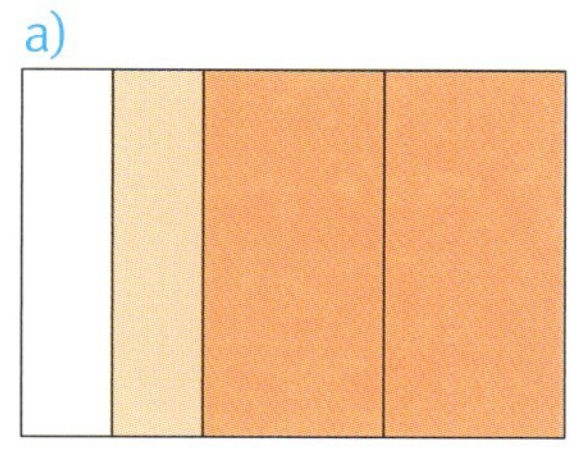

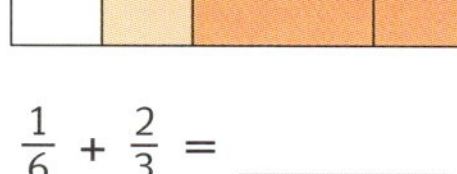

$\frac{1}{6} + \frac{2}{3} =$ ______

b)

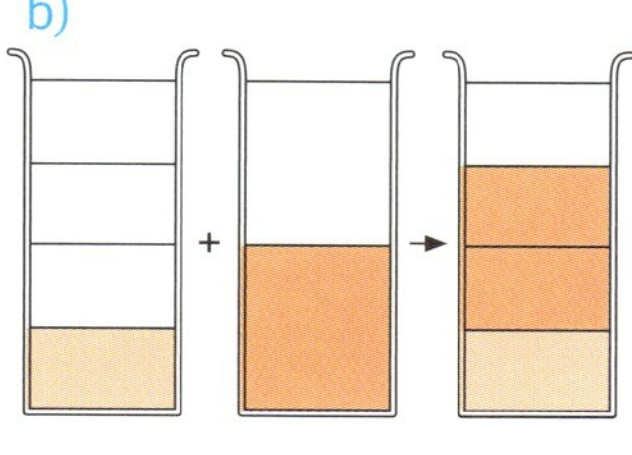

$\frac{1}{4} + \frac{1}{2} =$ ______

c)

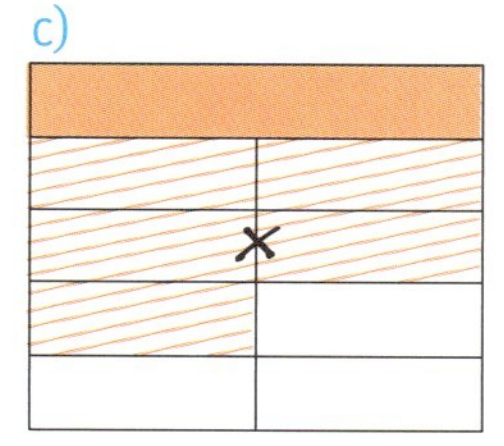

$\frac{7}{10} - \frac{1}{2} =$ ______

d)

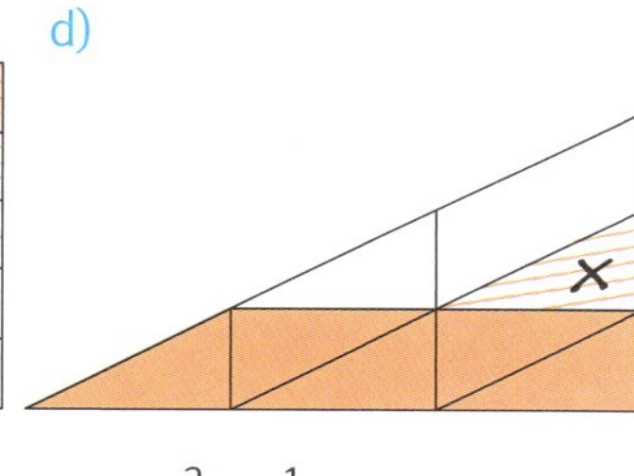

$\frac{2}{3} - \frac{1}{9} =$ ______

2 Berechne. Die Felder können dir beim Erweitern der Brüche helfen.

a)

$\frac{1}{3} + \frac{1}{4} = \frac{\quad}{12} + \frac{\quad}{12} =$	$\frac{2}{3} - \frac{1}{4} =$
$\frac{1}{3} + \frac{2}{4} =$	$\frac{3}{4} - \frac{2}{3} =$
$\frac{1}{3} + \frac{3}{4} =$	$\frac{4}{4} - \frac{2}{3} =$

b)

$\frac{3}{4} + \frac{1}{5} = \frac{\quad}{20} + \frac{\quad}{20} =$	$\frac{3}{4} - \frac{3}{5} =$
$\frac{3}{5} + \frac{2}{4} =$	$\frac{4}{5} - \frac{2}{4} =$
$\frac{1}{4} + \frac{4}{5} =$	$\frac{3}{5} - \frac{1}{4} =$

c)

$\frac{1}{2} + \frac{2}{5} =$
$\frac{4}{5} + \frac{5}{6} =$
$2\frac{1}{6} + 3\frac{1}{5} =$
$\frac{3}{5} - \frac{1}{6} =$
$\frac{4}{5} - \frac{2}{3} =$
$4\frac{5}{6} - 1\frac{4}{5} =$

3 a) $\frac{57}{100} - \frac{7}{100} =$ ______

$\frac{9}{10} + \frac{1}{100} =$ ______

b) $\frac{1}{10} + \frac{1}{100} + \frac{1}{1000} =$ ______

$\frac{900}{1000} - \frac{10}{100} - \frac{1}{10} =$ ______

c) $\frac{95}{100} - \frac{15}{100} - \frac{1}{10} =$ ______

$\frac{20}{100} + \frac{2}{10} + \frac{1}{10} =$ ______

4 Familie Müller erntet in ihrem Garten $3\frac{1}{2}$ kg Bohnen, dann $2\frac{6}{8}$ kg und noch einmal $3\frac{3}{4}$ kg.

a) Wie viel kg Bohnen werden insgesamt geerntet?

b) Auf dem Markt kostet ein halbes Kilogramm Bohnen 1,95 €. Wie viel Geld hätte Familie Müller einnehmen können?

Brüche multiplizieren

1 Schreibe als Multiplikationsaufgabe und löse. Färbe die erhaltenen Brüche.

a)

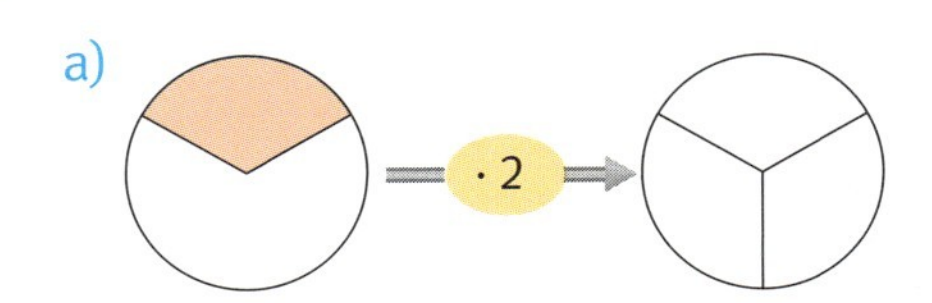

$\frac{1}{3} \cdot 2 =$ ______

b) · 3

$\frac{1}{4} \cdot 3 =$ ______

c)

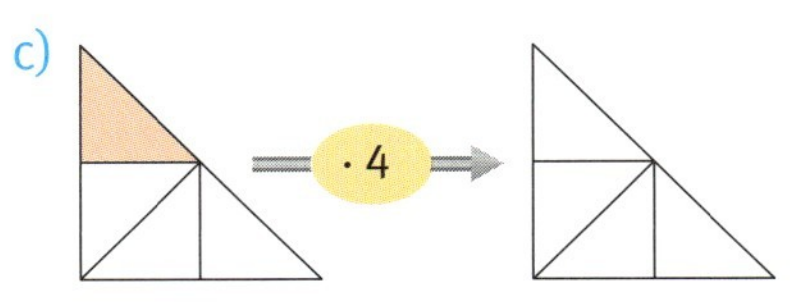

$\frac{1}{4} \cdot 4 =$ ______

2 a) $\frac{3}{8} \cdot 2 =$ ______ b) $\frac{2}{7} \cdot 3 =$ ______ c) $\frac{4}{6} \cdot 5 =$ ______ d) $\frac{1}{5} \cdot 4 =$ ______

3 Berechne vorteilhaft.

a) $\frac{1}{5} \cdot \frac{5}{8} =$ ______ b) $\frac{3}{5} \cdot \frac{5}{9} =$ ______ c) $\frac{7}{18} \cdot \frac{9}{14} \cdot \frac{2}{3} =$ ______

d) $\frac{6}{11} \cdot \frac{7}{9} =$ ______ e) $\frac{4}{9} \cdot \frac{3}{8} =$ ______ f) $\frac{5}{24} \cdot \frac{12}{21} \cdot \frac{7}{15} =$ ______

4 a) $\frac{3}{4} \cdot \frac{2}{3} =$ ______ b) $\frac{7}{8} \cdot \frac{8}{14} =$ ______ c) $\frac{4}{7} \cdot \frac{5}{2} \cdot \frac{7}{5} =$ ______

d) $\frac{6}{11} \cdot \frac{2}{3} =$ ______ e) $\frac{6}{22} \cdot \frac{11}{18} =$ ______ f) $\frac{3}{5} \cdot \frac{5}{12} \cdot \frac{6}{9} =$ ______

g) $\frac{4}{5} \cdot \frac{3}{7} \cdot \frac{14}{6} \cdot \frac{5}{12} =$ ______ h) $\frac{9}{14} \cdot \frac{7}{15} \cdot \frac{5}{6} \cdot \frac{2}{4} =$ ______ i) $\frac{2}{3} \cdot \frac{6}{9} \cdot \frac{8}{9} \cdot \frac{3}{4} =$ ______

5 Frau Belter kauft beim Metzger $\frac{3}{4}$ kg Rindfleisch (100 g zu 1,20 €) und $\frac{1}{8}$ kg Schweinefleisch (100 g zu 0,80 €) ein. Wie viel muss sie insgesamt bezahlen?

6 Martin hat insgesamt 1 200 € zur Verfügung. Sein Großvater stellt ihm dazu eine Rechenaufgabe: „Wenn du $\frac{1}{4}$ von dem Geld für einen Fernseher ausgibst, dir für $\frac{1}{20}$ neue CDs kaufst, $\frac{1}{5}$ für den Kauf von Kleidungsstücken verwendest, kannst du den Rest auf das Sparbuch einzahlen."
Wie viel Geld kann Martin auf das Sparbuch einzahlen?

Brüche dividieren

1 a) $\frac{2}{3} : 6 =$ ___ = ___ b) $\frac{14}{9} : 7 =$ ___ = ___

c) $\frac{30}{80} : 5 =$ ___ = ___ d) $\frac{36}{54} : 9 =$ ___ = ___

e) $\frac{4}{20} : 8 =$ ___ = ___ f) $\frac{36}{6} : 6 =$ ___ = ___

g) $\frac{8}{40} : 4 =$ ___ = ___ h) $\frac{27}{3} : 3 =$ ___ = ___

2 a) $2\frac{1}{4} : 9 =$ ___ b) $3\frac{1}{8} : 5 =$ ___ c) $6\frac{3}{5} : 11 =$ ___

3 a) $\frac{3}{5} : \frac{1}{10} =$ ___ = ___ b) $\frac{2}{5} : \frac{9}{10} =$ ___ = ___

c) $\frac{1}{4} : \frac{7}{8} =$ ___ = ___ d) $\frac{3}{14} : \frac{2}{7} =$ ___ = ___

4 a) $2\frac{1}{5} : \frac{1}{5} =$ ___ = ___ b) $2\frac{7}{9} : \frac{5}{6} =$ ___ = ___

c) $3\frac{3}{4} : \frac{3}{4} =$ ___ = ___ d) $1\frac{1}{8} : \frac{3}{4} =$ ___ = ___

5 Für einen Mamorkuchen benötigt man folgende Zutaten:

400 g Mehl, $\frac{1}{4}$ kg Zucker,

$\frac{1}{4}$ kg Butter, $\frac{1}{8}$ l Milch,

6 Eier (klein), 1 Backpulver,

1 Vanillezucker, 2 EL Kakao, 2 EL Rum

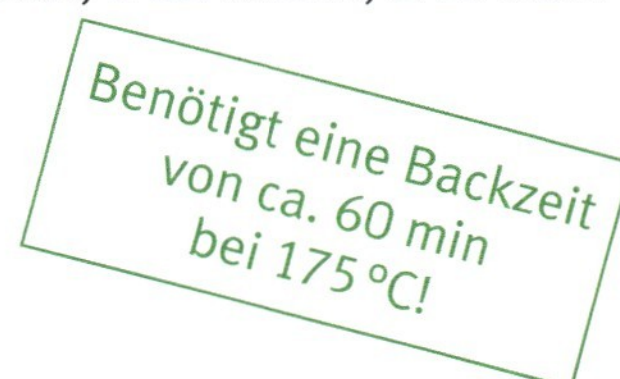

Frau Brunner hat jedoch nur eine Kuchenform für die Hälfte des Teiges. Wie viel benötigt sie von jeder Zutat?

Selbsteinschätzung					
Ich kann ...	– –	–	+	+ +	Seite / Aufgabe
Bruchteile bei Flächen, Längen und Größen ermitteln.					2/1–2/7
Brüche erweitern und kürzen.					3/1–3/7
Brüche der Größe nach ordnen.					4/1–4/6
Brüche addieren und subtrahieren.					5/1–5/4
Brüche multiplizieren und dividieren.					6/1–6/6, 7/1–7/5

Vierecke benennen und zeichnen

1 Benenne die Vierecke und zeichne gleich lange Seiten mit gleicher Farbe nach. Trage auch mögliche Symmetrieachsen ein.

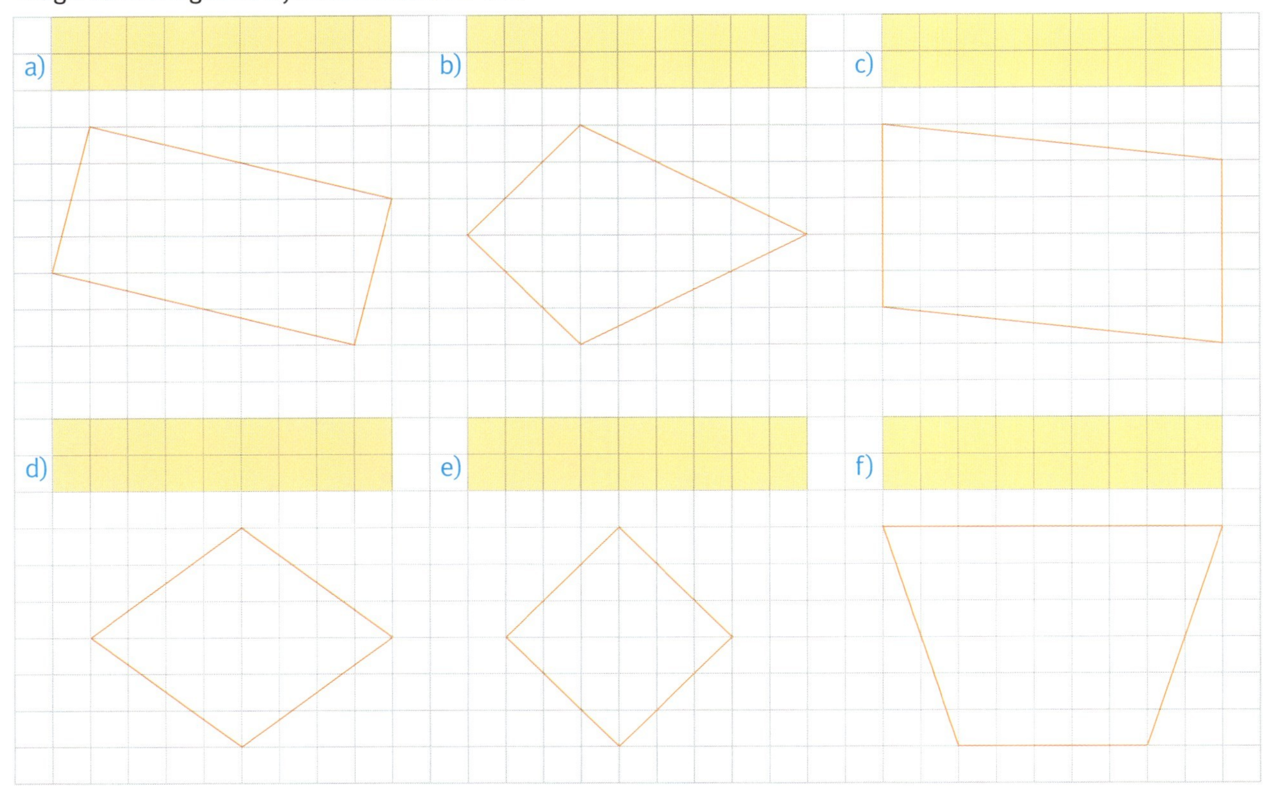

2 Ein Parallelogramm hat folgende Eckpunkte. Zeichne sie in das Koordinatensystem. Ergänze jeweils den fehlenden Eckpunkt und gib seine Koordinaten an.

a) A (2|1); B (4|3); C (4|9); D (|)

b) E (|); F (13|0); G (15|8); H (10|8)

c) K (10|2); L (12|4); M (|); N (3|6)

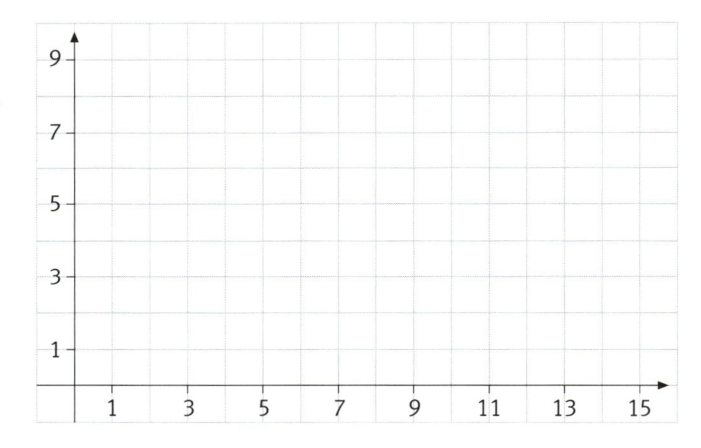

3 Zeichne die angegebenen Punkte in das Koordinatensystem. Ergänze jeweils zum vorgegebenen Viereck und gib die Koordinaten des fehlenden Eckpunktes an.

a) Raute:
A (0|4); B (2|0); C (4|4); D (|)

b) Drachen:
E (|); F (13|7); G (8|9); H (5|7)

c) Trapez (gleichschenklig):
K (10|2); L (14|0); M (|); N (10|4)

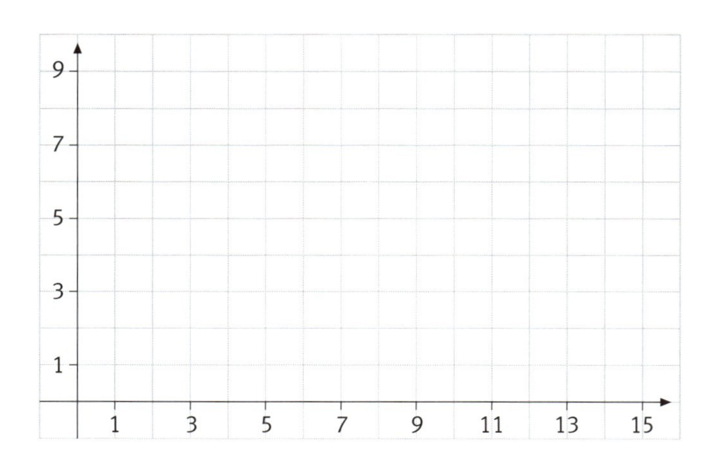

1 Hier sind die Diagonalen abgebildet. Ergänze jeweils die Vierecke und benenne sie.

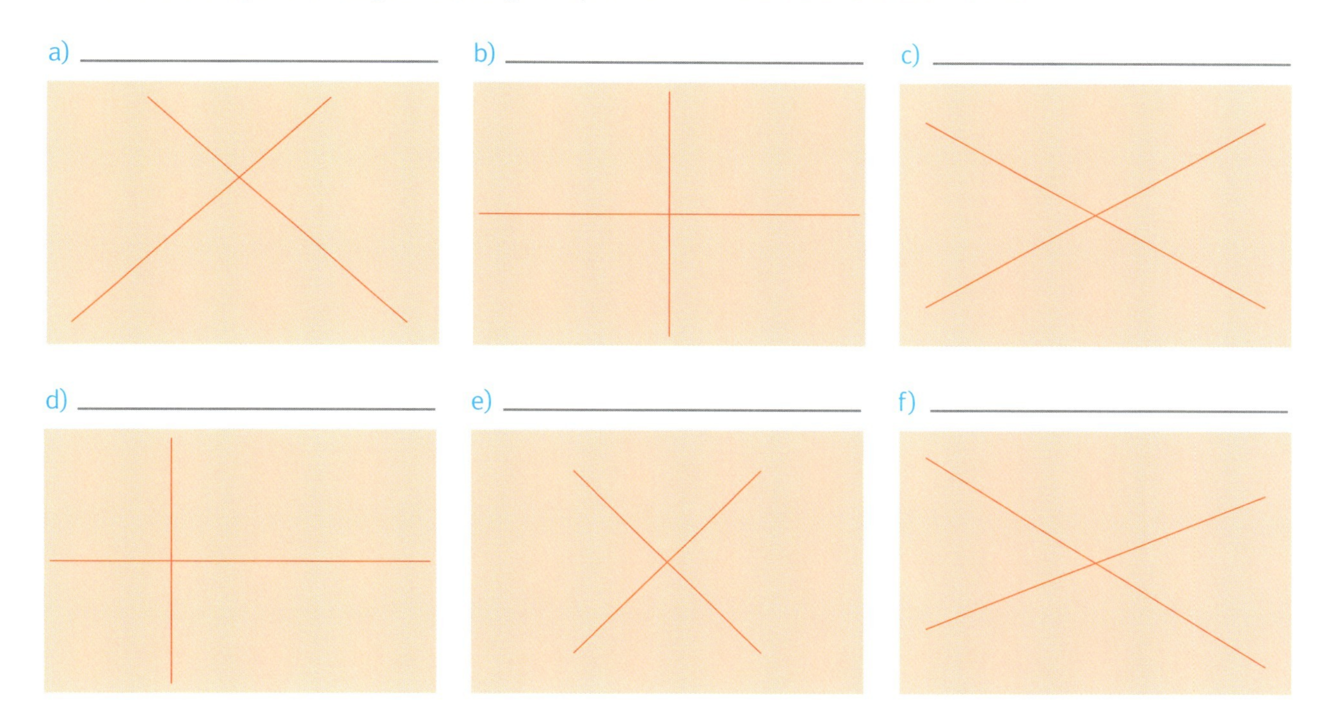

2 Benenne die beschriebenen Vierecke und ordne die abgebildeten Vierecke 1 bis 7 zu.

a) ____________________	b) ____________________	c) ____________________
– 4 gleich lange Seiten – Je 2 gegenüberliegende Seiten sind parallel. – 4 rechte Winkel	– Je 2 gegenüberliegende Seiten sind gleich lang und parallel. – 4 rechte Winkel	– Je 2 gegenüberliegende Seiten sind gleich lang und parallel. – Je 2 gegenüberliegende Winkel sind gleich groß.
3,		

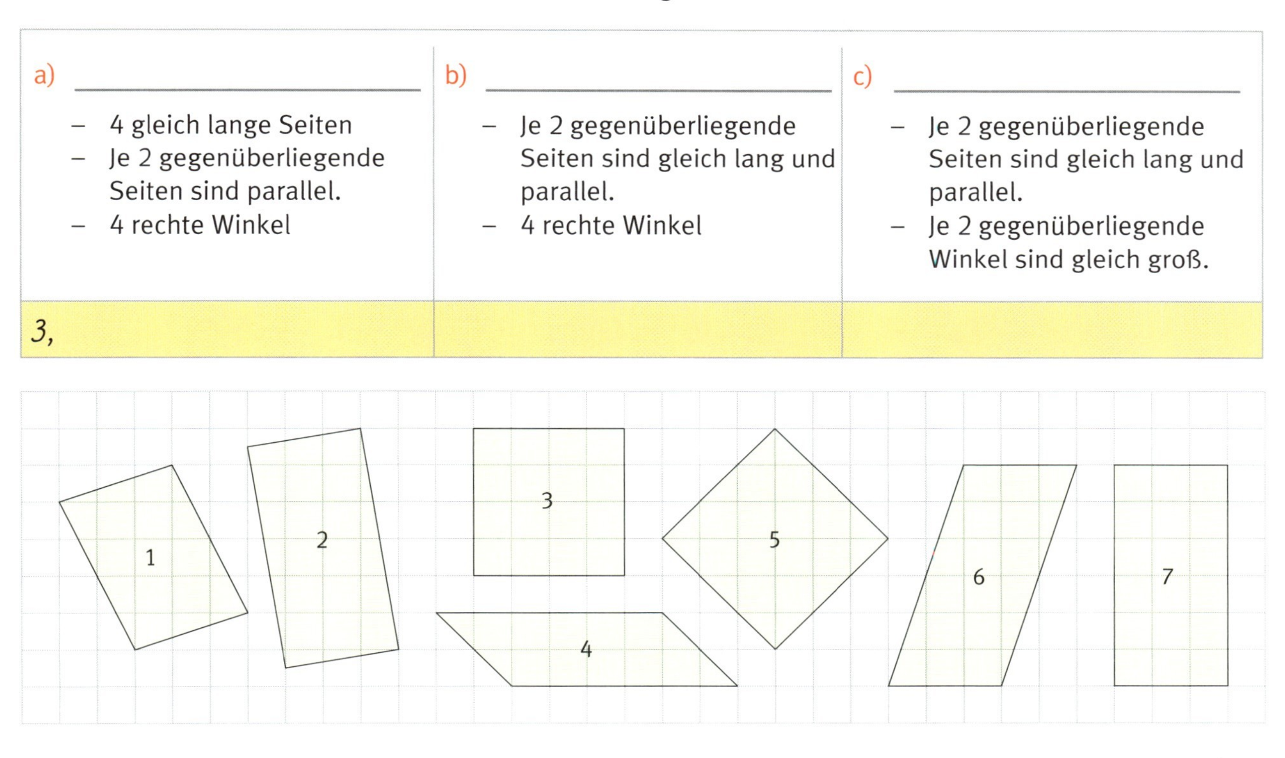

3 Aus welchen Formen besteht das Muster? Setze es fort und male es farbig aus.

Quadrate
____
____
____

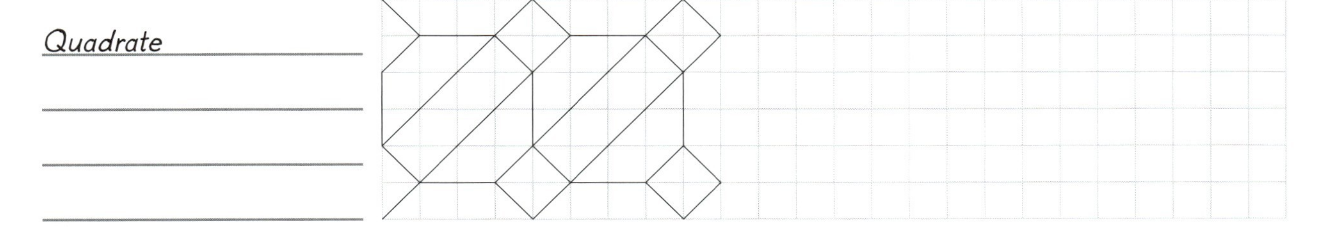

Rechteck und Quadrat benennen und zeichnen

1 Ergänze zum Rechteck oder Quadrat und gib jeweils die Koordinaten der Eckpunkte an.

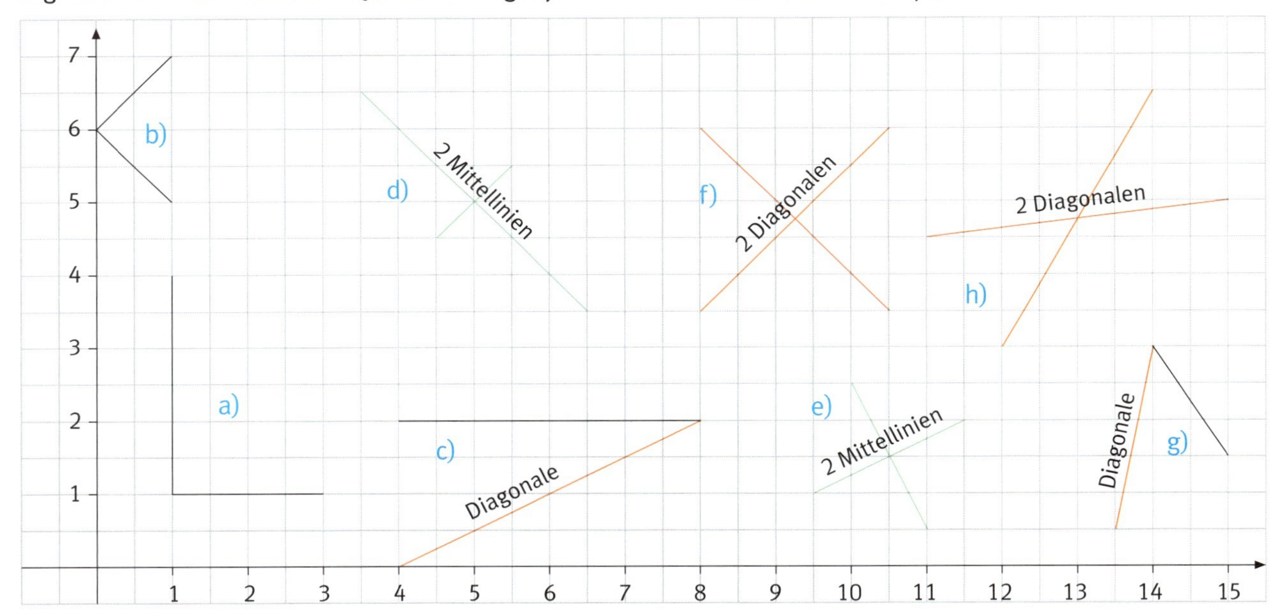

a) A (1|1); B (3|1); C (|); D (1|4)

b) A (1|5); B (|); C (1|7); D (|)

c) A (4|0); B (|); C (|); D (|)

d) A (|); B ____

e) ____

f) ____

g) ____

h) ____

2 Zeichne

a) ein Quadrat mit einer Diagonalenlänge von 4 cm.

b) ein Rechteck (a = 4 cm; b = 3 cm) und gib die Länge der Diagonalen an.

3 Wie viele Vierecke erkennst du jeweils?

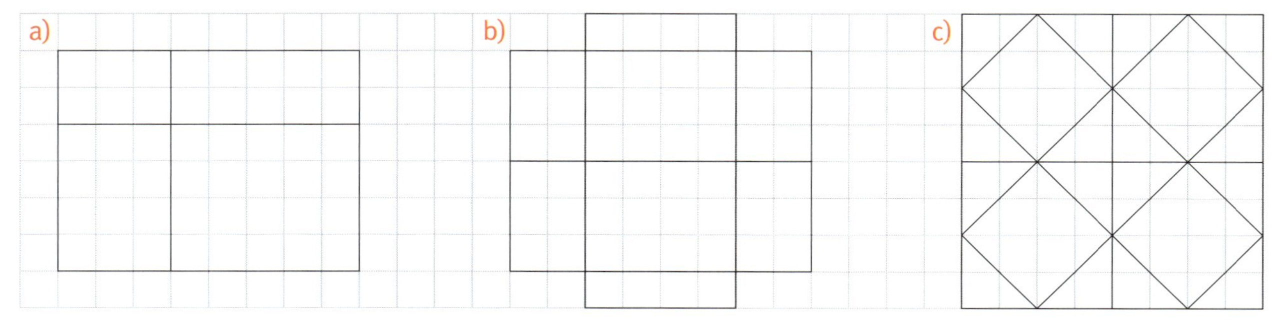

a) Rechtecke: ____ Quadrate: ____

b) Rechtecke: ____ Quadrate: ____

c) Rechtecke: ____ Quadrate: ____

1 Zeichne Kreise mit

a) dem Radius r = 1 cm (1,5 cm; 3 cm) um den gemeinsamen Mittelpunkt M.

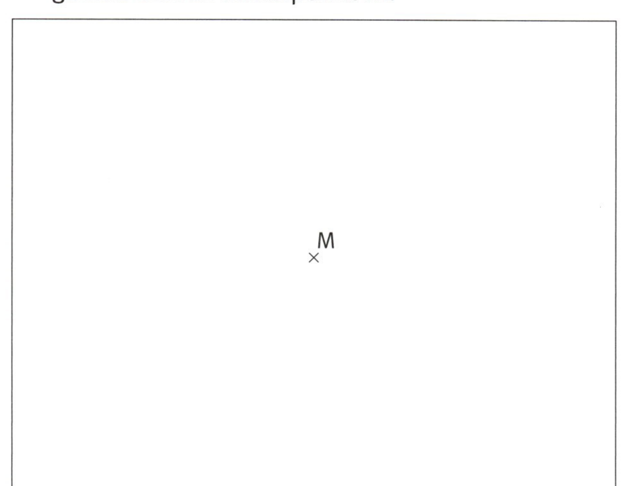

b) dem Durchmesser d = 2 cm (4 cm; 5 cm) um den gemeinsamen Mittelpunkt P.

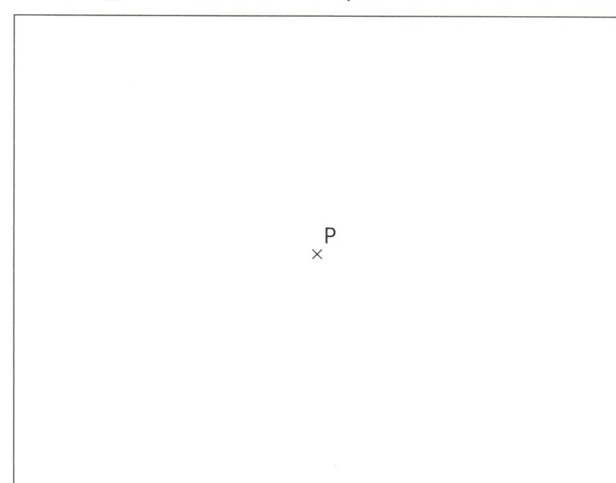

2 Bestimme die fehlenden Werte.

	a)	b)	c)	d)	e)	f)	g)
Durchmesser d	18 cm				2,3 km	0,65 m	
Radius r		9 m	3,75 m	159 cm			0,05 m

3 Wiederhole jeweils das Kreismuster.

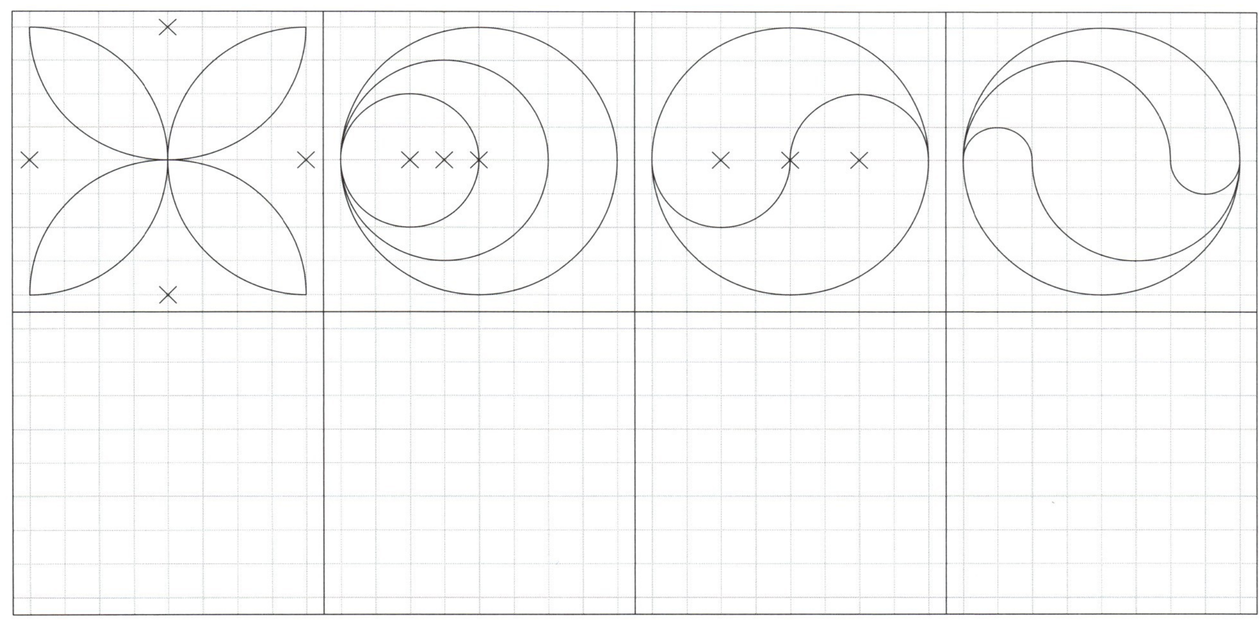

4 Setze das Kreismuster fort.

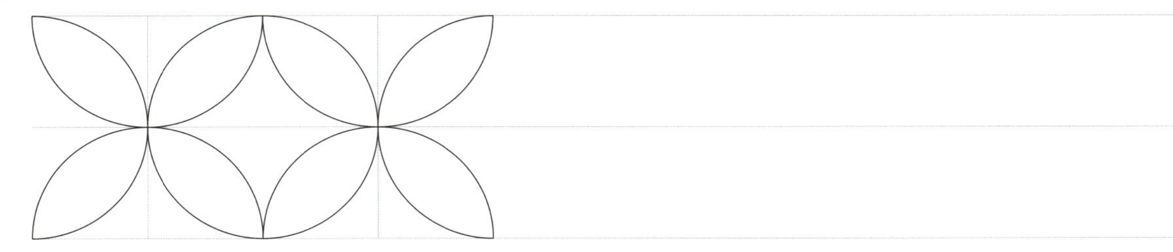

Figuren verschieben

1 Verschiebe die Figuren wie angegeben.

a)

b)

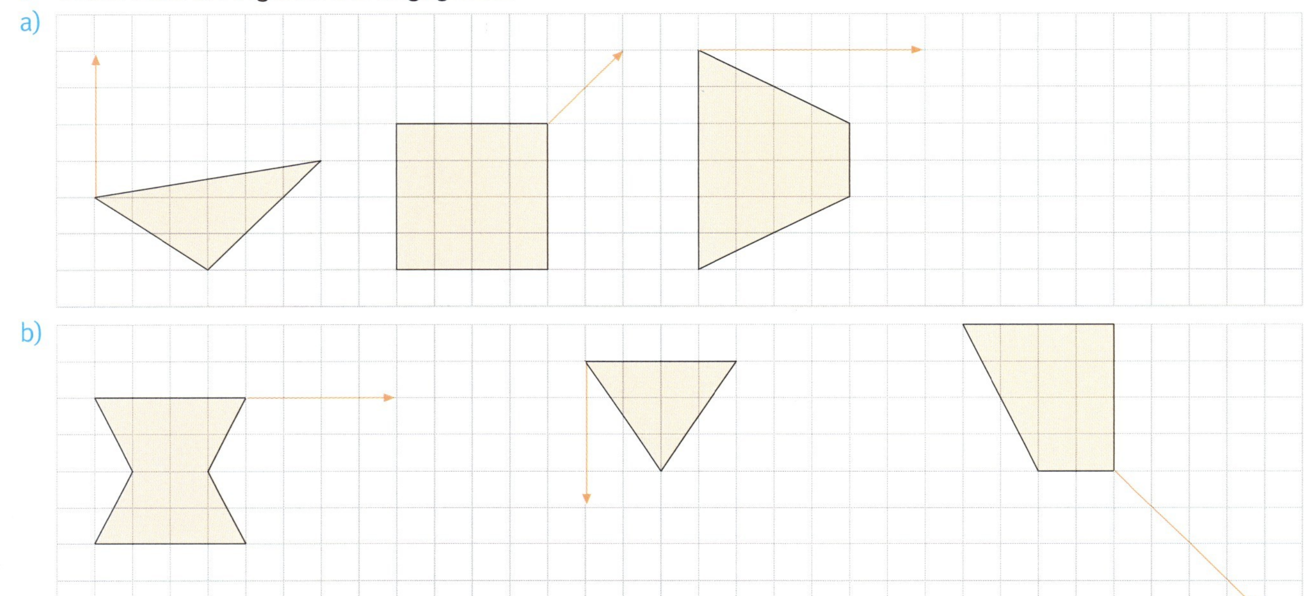

2 a) Verschiebe das Rechteck 5 Kästchen nach rechts und 2 nach oben. Gib die Koordinaten der Bildpunkte an.

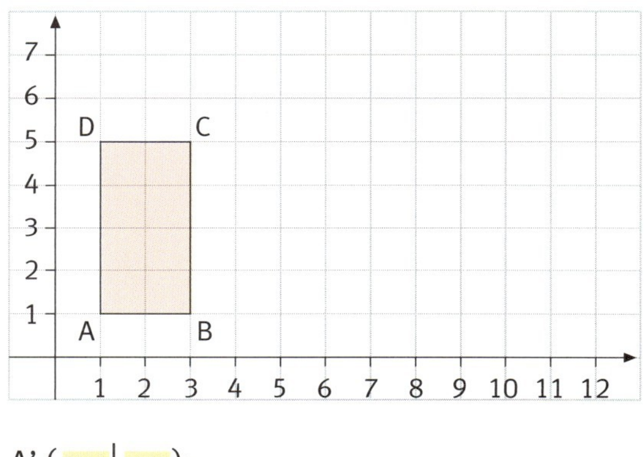

A' (|);

b) Das Bildviereck ist um 5 Kästchen nach rechts und 3 nach oben verschoben worden. Zeichne das Ausgangsviereck und gib die Koordinaten der Eckpunkte an.

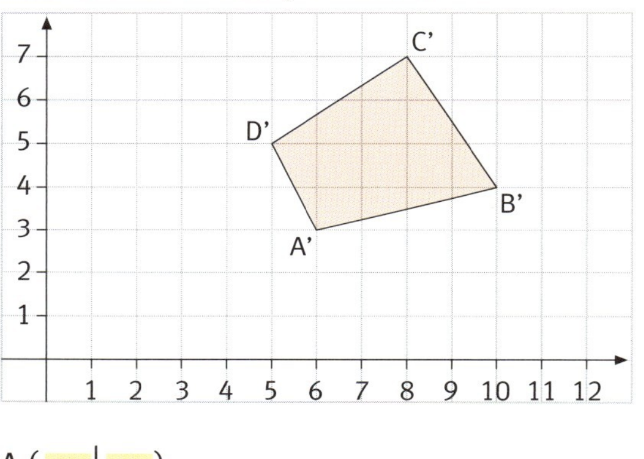

A (|);

3 Aus welcher Figur kann eine andere durch Verschiebung entstanden sein? Färbe mit gleicher Farbe.

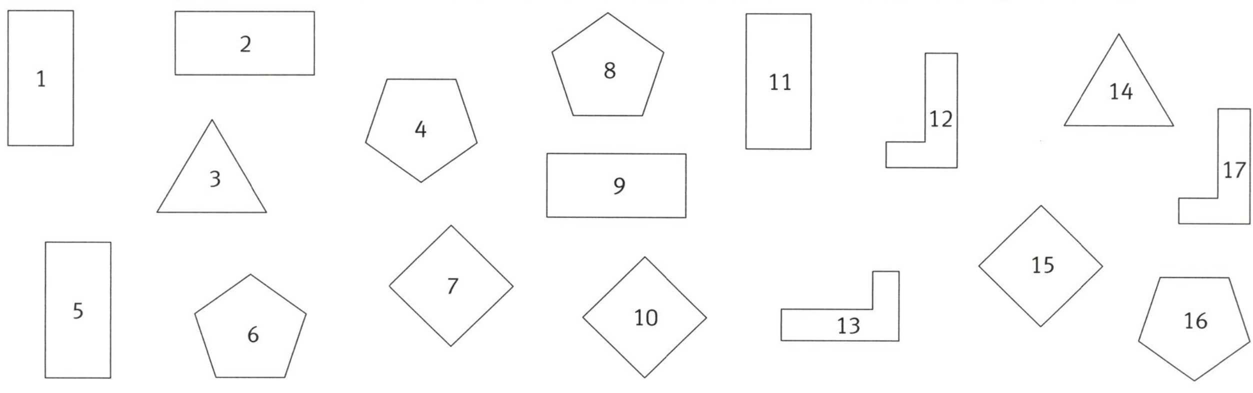

1 Drehe die Figur jeweils um eine Halbdrehung. Welche Figur entsteht?

a)
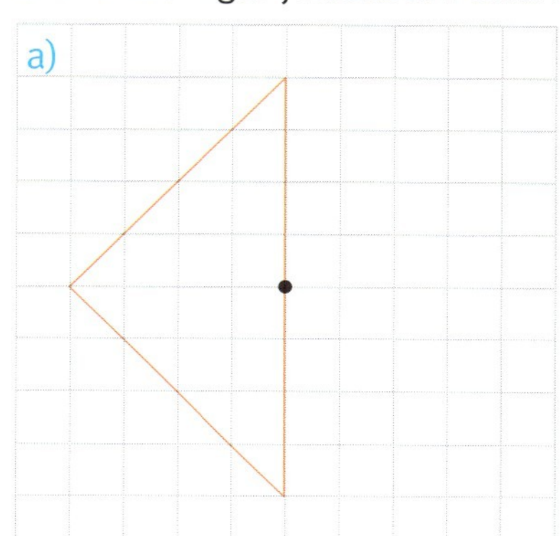

b)
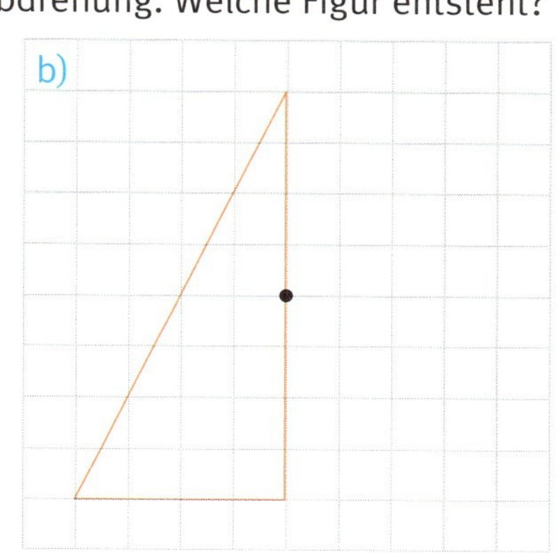

c)
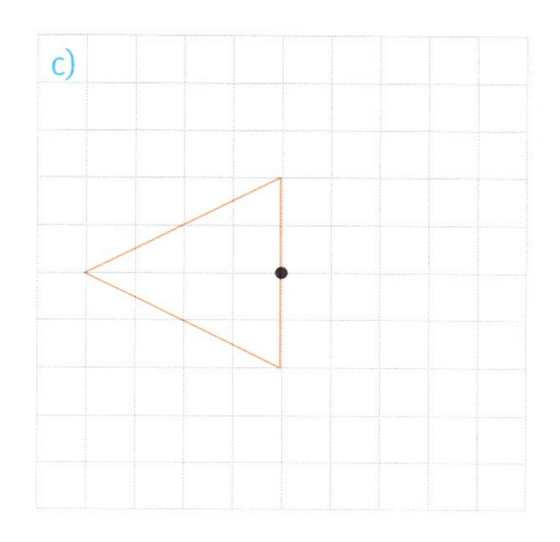

2 Welche Drehung muss mindestens ausgeführt werden, damit die Figur mit sich selbst zur Deckung kommt?

a)
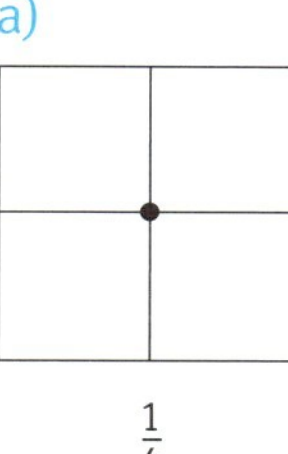

$\frac{1}{4}$

b)

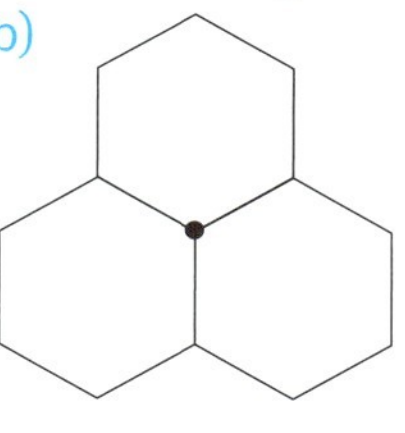

c)
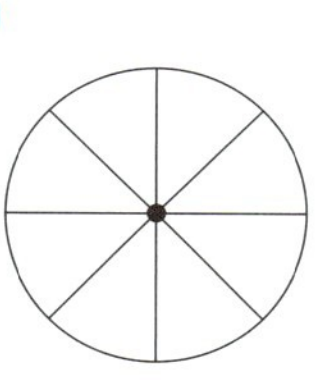

d)
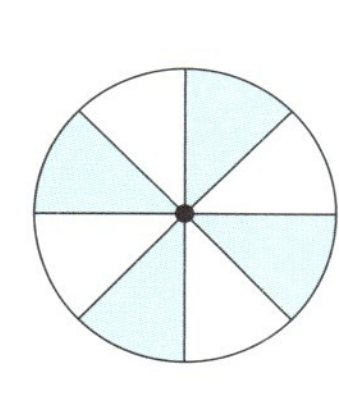

e)
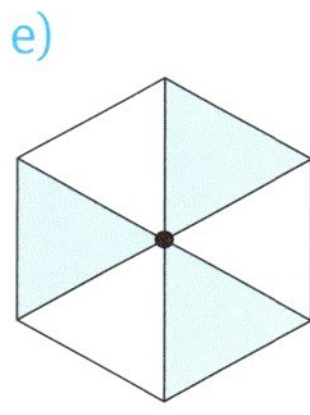

f)
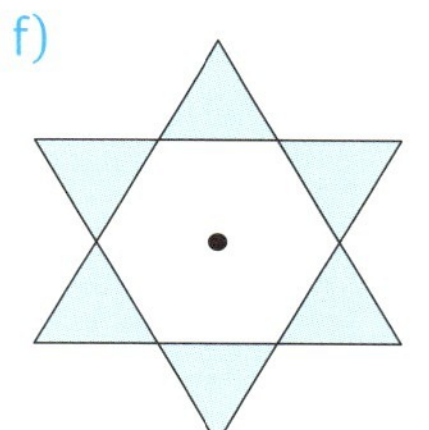

g)
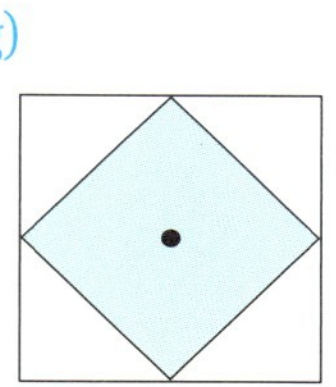

h)
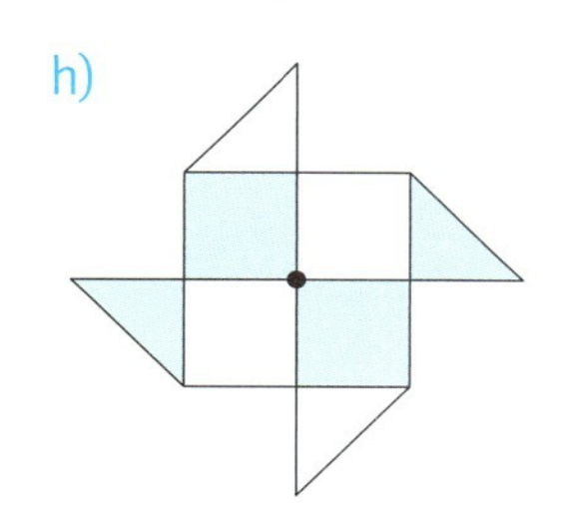

3 Drehe die Figur jeweils um eine Halbdrehung und ergänze.

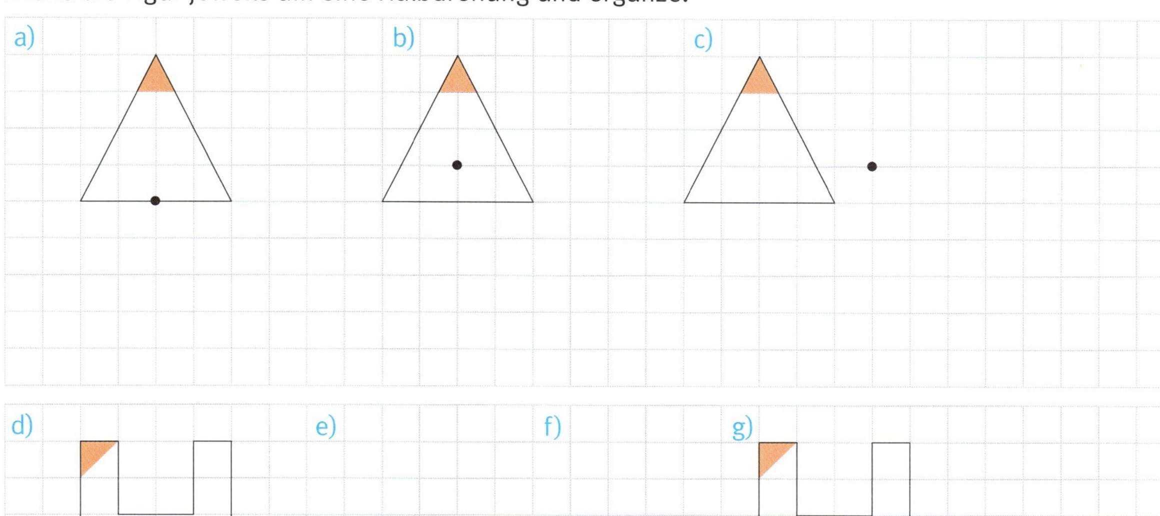

Figuren drehen

1 Welche Figuren entstehen durch eine Halbdrehung? Zeichne.

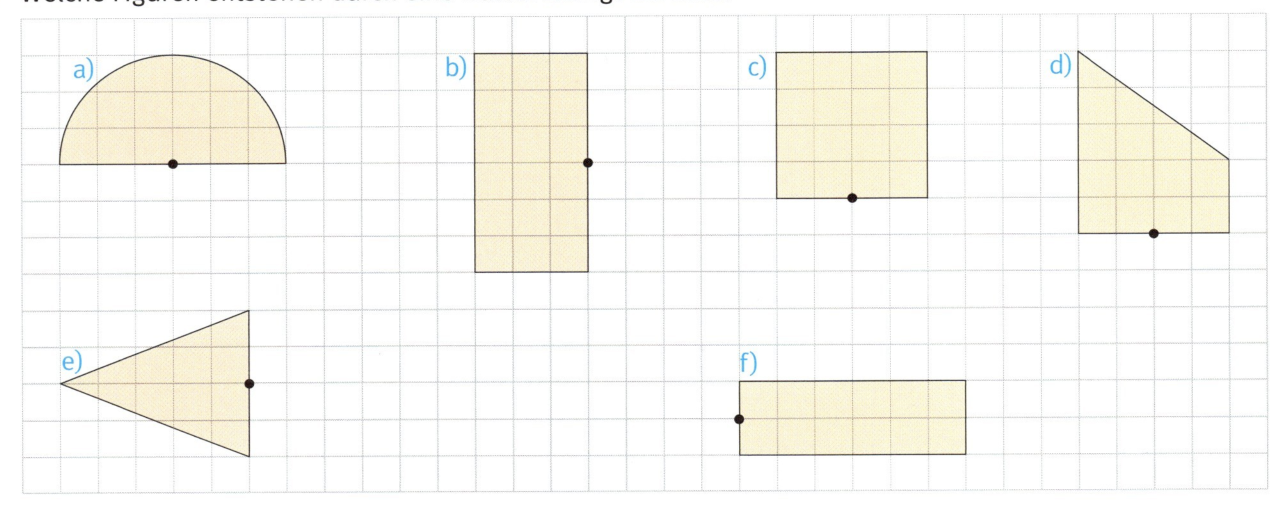

2 Ergänze die Figuren so, dass sie durch Halbdrehung mit sich selbst zur Deckung kommen.

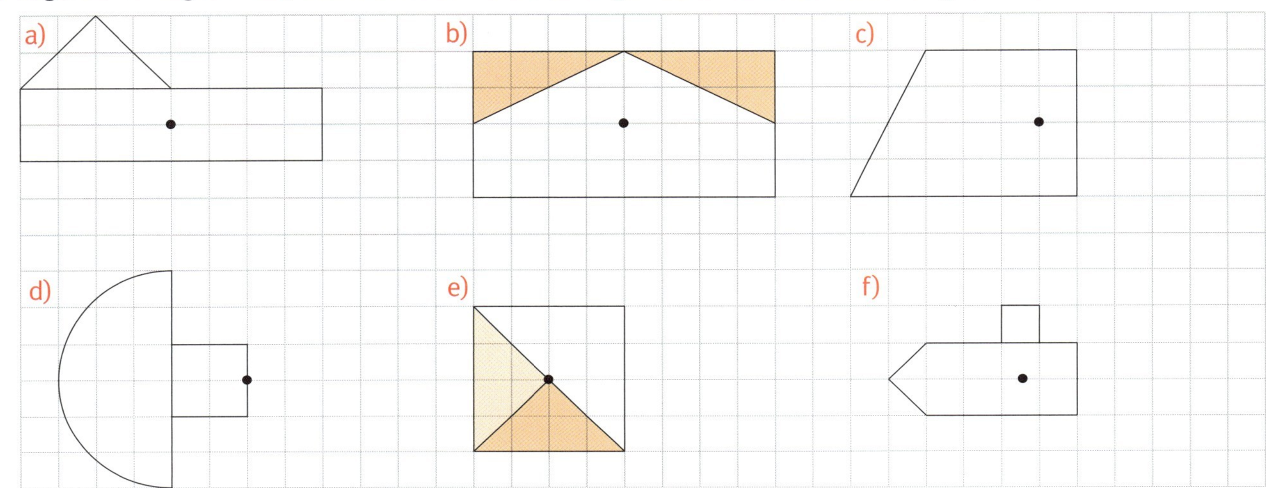

3 Drehe die Figuren jeweils um eine Viertel-, Halb- und Dreivierteldrehung.

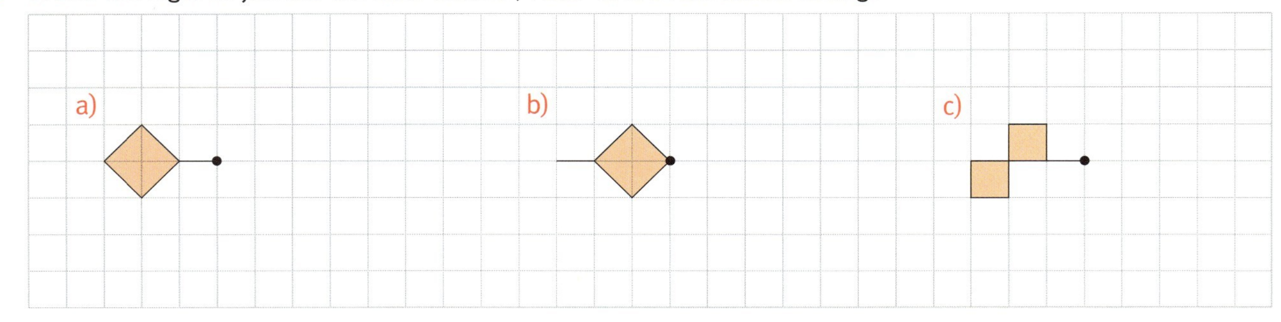

4 Ergänze die Figuren so, dass sie durch Halbdrehung mit sich selbst zur Deckung kommen.

a)

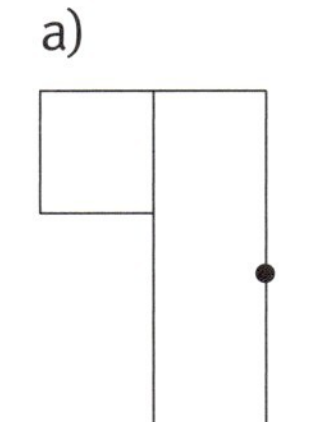

b)

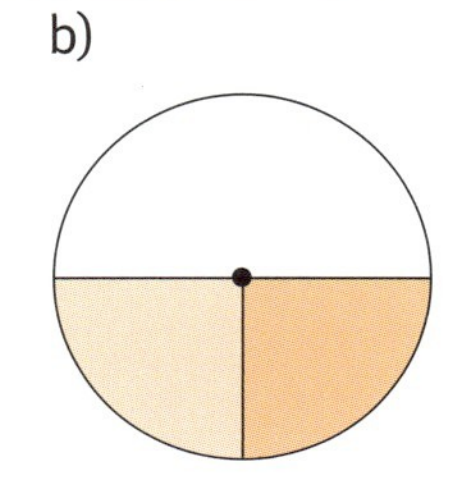

c)

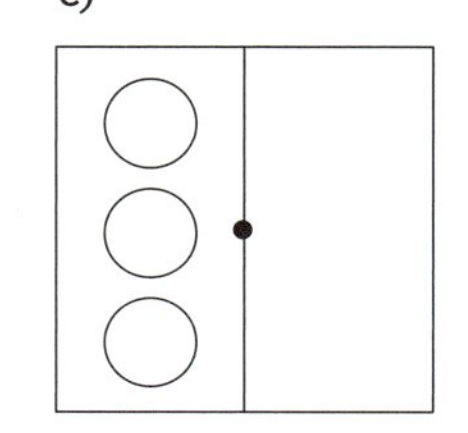

d)

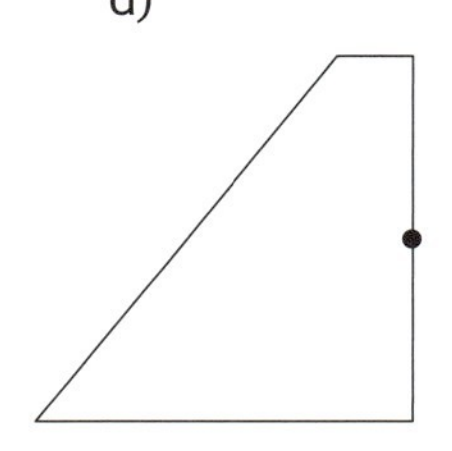

1 Zeichne den Drehpunkt und einen möglichen Drehwinkel ein, wenn die Figur drehsymmetrisch ist.

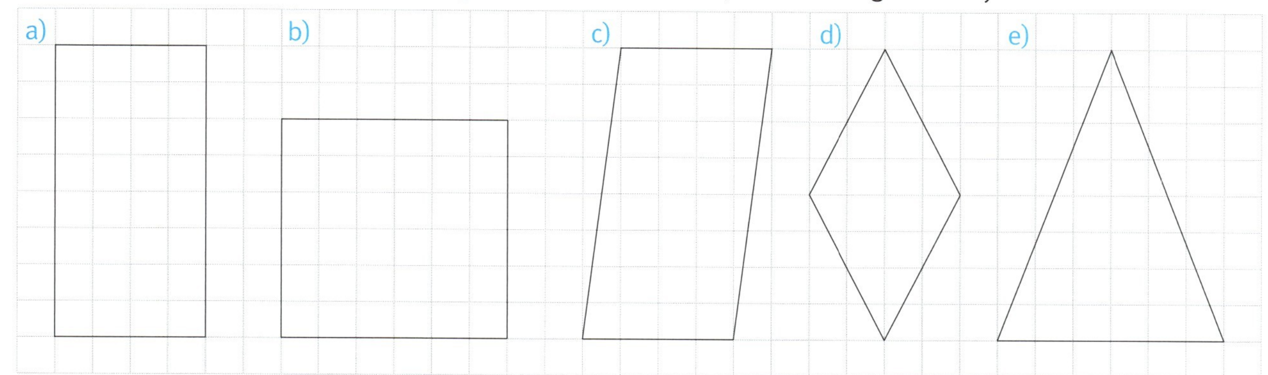

2 Zeichne durch Verschiebung 3-D-Buchstaben.

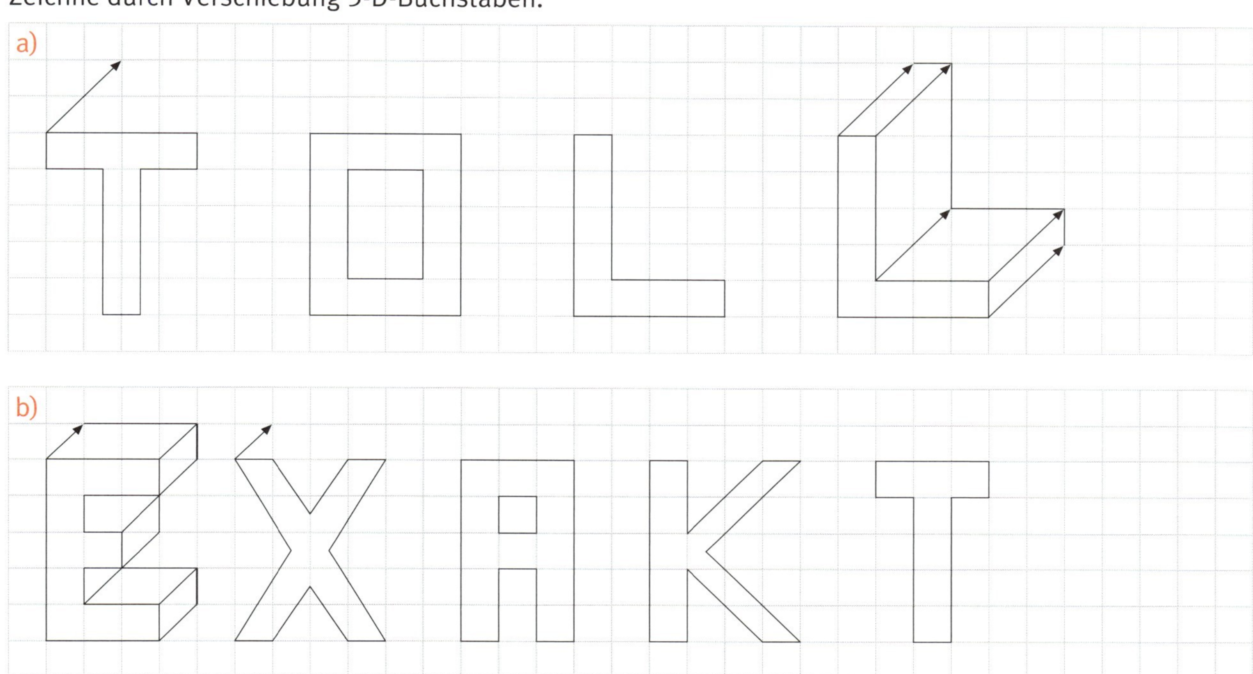

3 Drehe die Figuren jeweils um eine Viertel-, Halb- und Dreivierteldrehung.

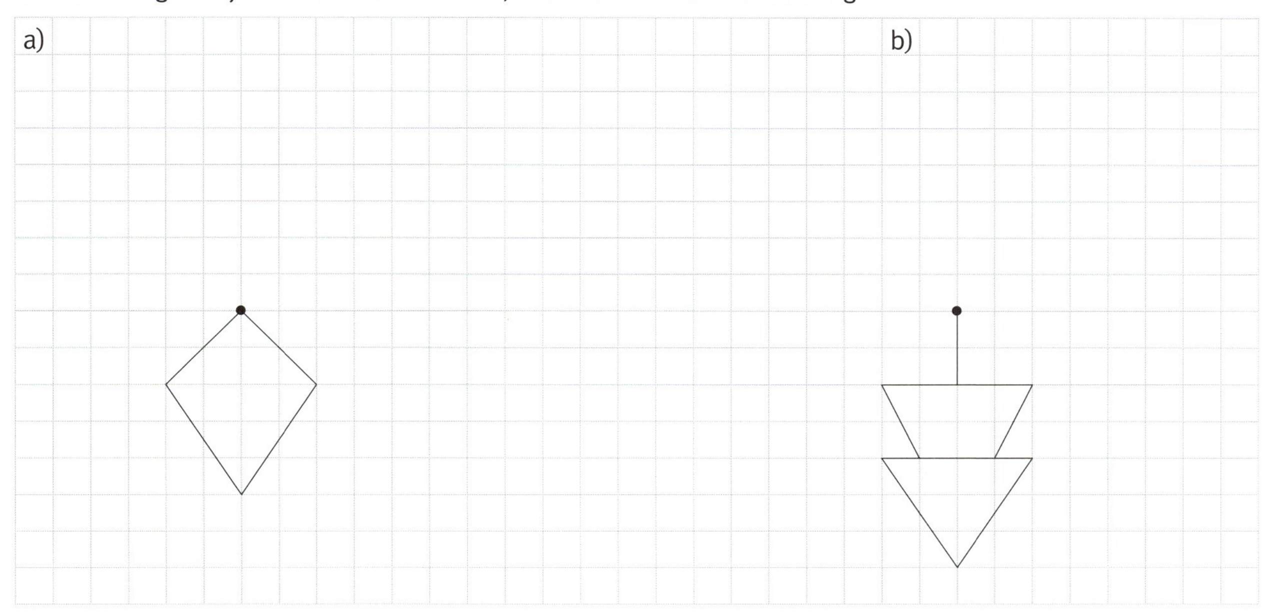

1 Miss die Winkel und gib deren Größe sowie die Art des Winkels an.

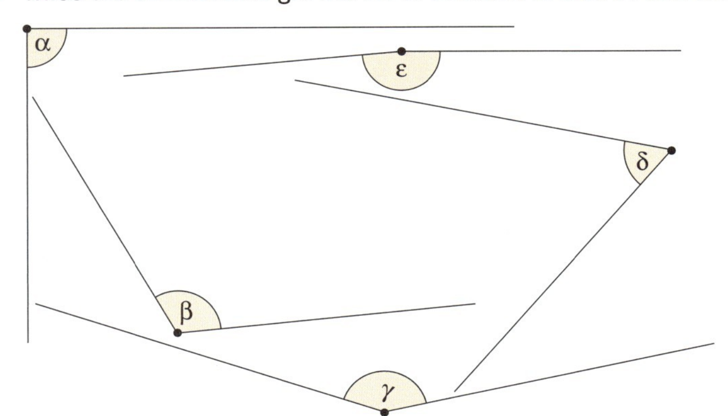

Winkelgröße	Art des Winkels
α =	
β =	
γ =	
δ =	
ε =	

2 a) Miss die Winkel und addiere sie.

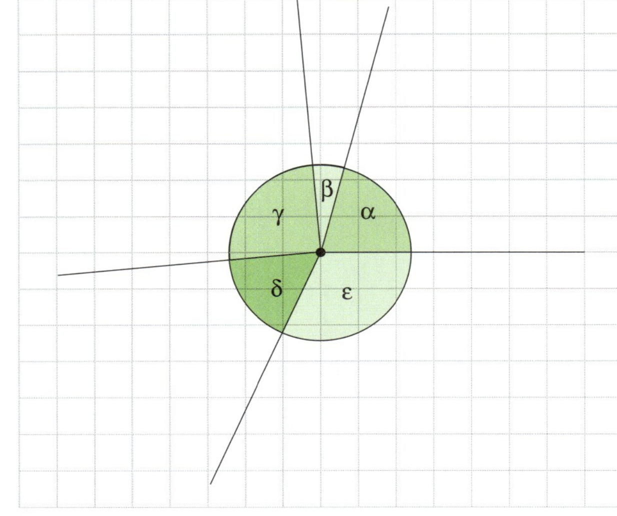

α =	δ =
β =	ε =
γ =	
Winkelsumme:	

b) Zeichne die Winkel ebenso aneinander.

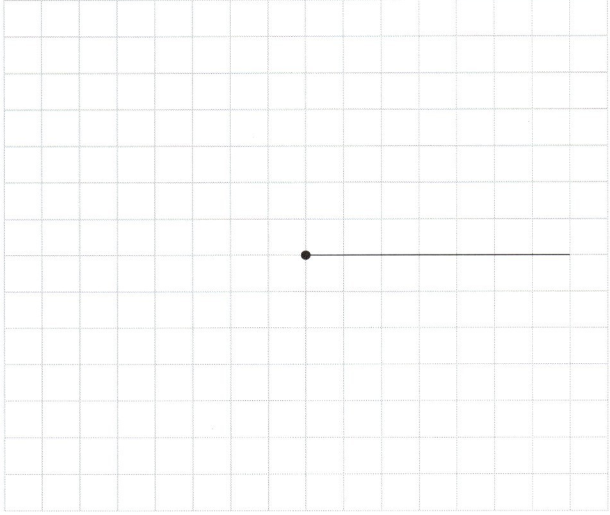

α = 30°	δ = 105°
β = 60°	ε = 45°
γ = 120°	
Winkelsumme:	

3 Miss alle 15 Winkel und notiere sie in der Tabelle.

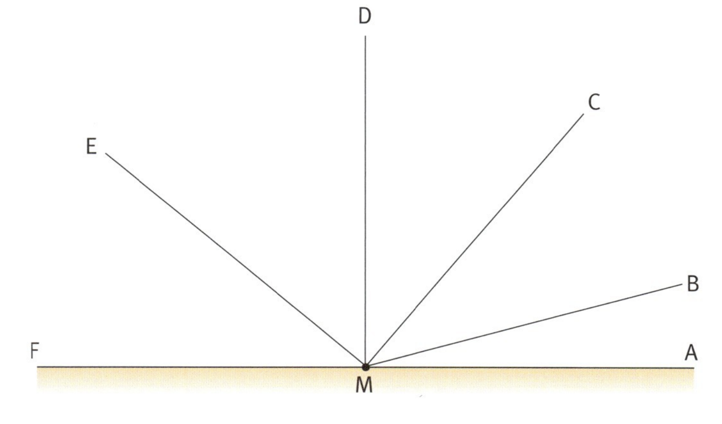

1 Wie groß sind jeweils die Winkel?

a) α = ______

b) 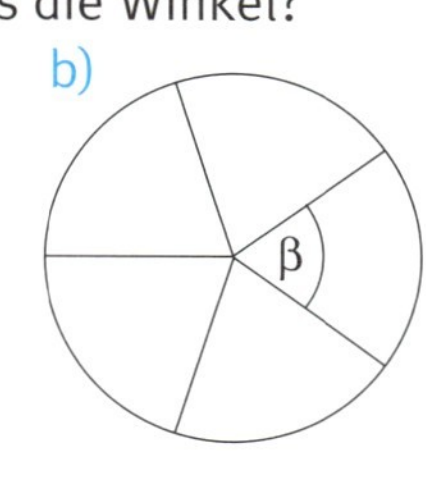

______

c) 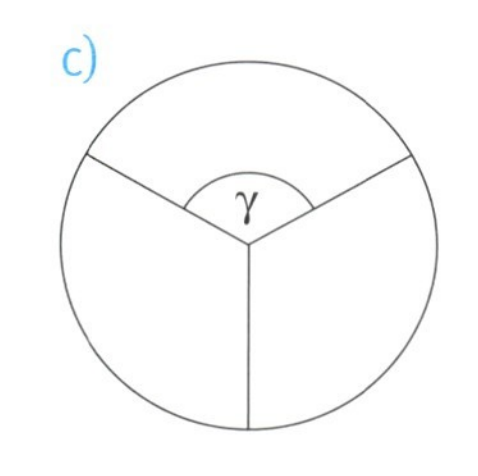

______

d) 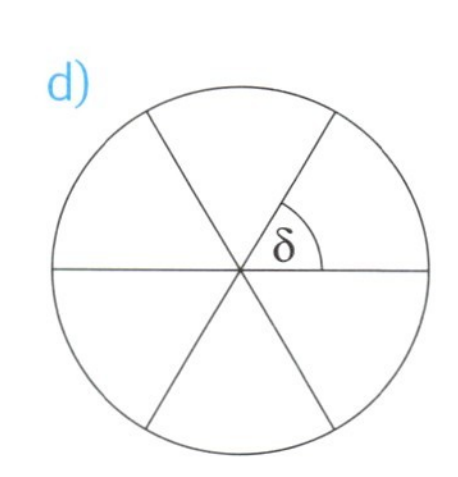

______

e) 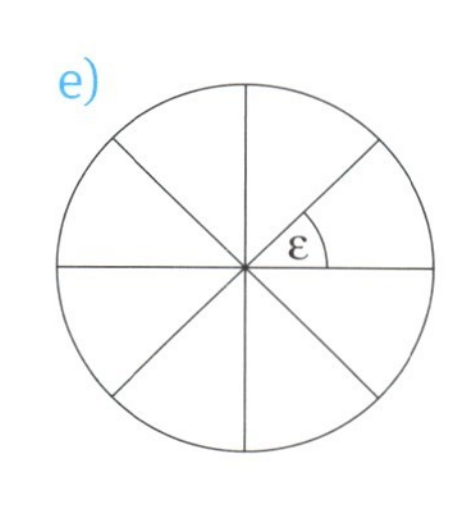

______

2 Schätze zuerst die Größe der Winkel und miss dann mit dem Geodreieck nach.

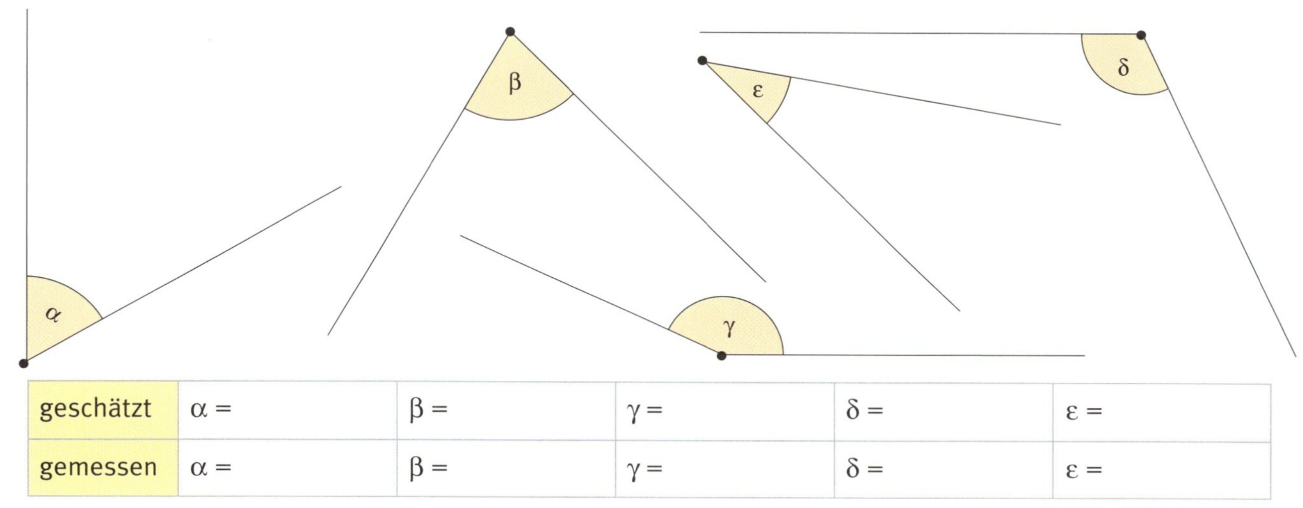

geschätzt	α =	β =	γ =	δ =	ε =
gemessen	α =	β =	γ =	δ =	ε =

3 Wie groß ist der Winkel zwischen den Zeigern? Notiere jeweils die Gradzahl und die Winkelart.

a) 
______

b) 
______

c) 
______

d) 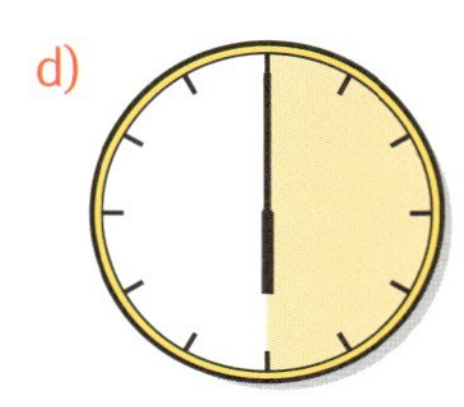
______

e) 
______

4 Max zeichnet ein Quadrat. Er zeichnet auch beide Diagonalen ein. Er behauptet: „In meinem Quadrat gibt es nur zwei verschiedene Winkel.“ Warum hat Max Recht?

______

Selbsteinschätzung					
Ich kann ...	– –	–	+	+ +	Seite / Aufgabe
Vierecke benennen und zeichnen.					8/1–8/3, 9/1–9/3
bei Rechteck und Quadrat die Diagonalen bzw. Mittellinien benennen und einzeichnen.					10/1–10/3
Kreise und Kreismuster zeichnen.					11/1–11/4
Figuren nach Vorschrift verschieben bzw. drehen.					12/1–12/3, 13/1–13/3, 14/1–14/4, 15/1–15/3
Winkel messen und zeichnen.					16/1–16/3, 17/1–17/4

1 Trage folgende Dezimalzahlen in die Stellenwerttafeln ein.

a) 2,02 2,002 20,02

H	Z	E	z	h	t	zt

b) 5,505 5,0055 50,055

H	Z	E	z	h	t	zt

c) 131,031 11,3311 1,3113

H	Z	E	z	h	t	zt

d) 608,873 60,0878 6,876

H	Z	E	z	h	t	zt

2 Notiere als Dezimalzahl.

H	Z	E	z	h	t	zt
	7	0	3	1	6	0
1	3	0	0	3	4	0
		3	5	6	0	1
			1	0	3	7

___

___

___

___

3 Ist die dezimale Schreibweise richtig? Überprüfe.

H	Z	E	z	h	t	zt
1	3	5	2	8	0	4
	3	6	7	9	1	0
			5	2	8	0
	9	2	3	4	7	1
		3	9	5	0	2
7	4	0	0	3	4	6

Dezimalzahl	richtig	falsch
135,2804	G	S
36,791	E	U
5,28	P	N
92,3471	I	E
39,502	R	A
74,00346	A	L

Lösung

4 <, > oder =?

a) 0,1 l ◯ 100 ml
1,15 l ◯ 1100 ml
0,75 l ◯ 800 ml

b) 15 cm ◯ 0,15 dm
31 mm ◯ 0,031 m
0,613 km ◯ 6131 m

c) 100 g ◯ 0,01 kg
2 800 mg ◯ 2,8 g
4 735 mg ◯ 47,35 g

5 Welche Nullen darf man bei einer Zahl weglassen, ohne dass sich der Wert der Zahl ändert? Formuliere eine Regel.

___

___

1 Ordne der Größe nach.

a)	3,87	3,78	3,873	3,738	3,878
	>	>	>	>	
b)	4,61	4,16	4,611	4,011	4,016
	>	>	>	>	
c)	0,201	0,210	0,221	0,2001	0,2012
	>	>	>	>	
d)	0,987	0,9872	0,9887	0,9782	0,9787
	>	>	>	>	
e)	1,5341	1,5431	1,5314	1,4531	1,5413
	>	>	>	>	

2 Wandle in die größte angegebene Maßeinheit um und ordne dann der Größe nach.

a)	0,718 km	781,6 dm	718,9 m	7188,5 cm	788,17 m
	<	<	<	<	
b)	57,804 kg	58704 g	0,0548 t	5847,0 mg	5748,04 g
	<	<	<	<	
c)	0,37 €	397 Ct	3,79 €	793 Ct	937 Ct
	<	<	<	<	

3 Ordne die Dezimalbrüche zu.

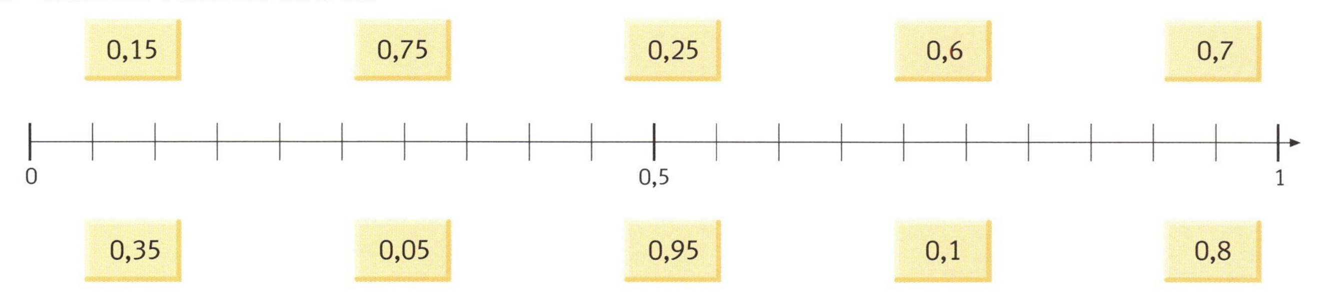

4 Welche Dezimalbrüche sind markiert?

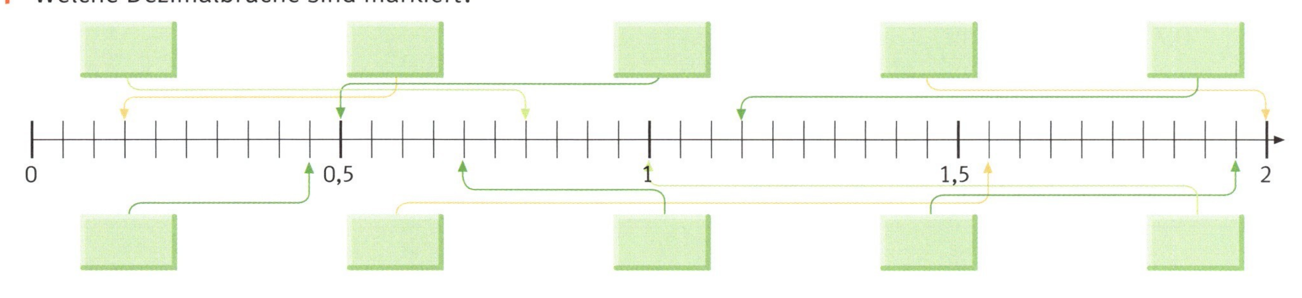

Dezimalbrüche runden

1 Runde auf Zehntel.

a) 4,28 ≈ ____
3,79 ≈ ____
2,16 ≈ ____
11,03 ≈ ____
17,05 ≈ ____

b) 7,193 ≈ ____
16,039 ≈ ____
0,173 ≈ ____
0,155 ≈ ____
4,009 ≈ ____

c) 15,011 ≈ ____
15,091 ≈ ____
18,993 ≈ ____
29,999 ≈ ____
300,004 ≈ ____

2 Runde auf Hundertstel.

a) 3,445 ≈ ____
7,089 ≈ ____
6,381 ≈ ____
4,275 ≈ ____
16,053 ≈ ____

b) 0,7099 ≈ ____
0,4724 ≈ ____
1,4792 ≈ ____
6,9939 ≈ ____
2,8341 ≈ ____

c) 224,9941 ≈ ____
24,8671 ≈ ____
35,0807 ≈ ____
7,4862 ≈ ____
9,9959 ≈ ____

3 Runde auf Tausendstel.

a) 1,5833 ≈ ____
4,6829 ≈ ____
7,3981 ≈ ____
5,3909 ≈ ____
69,2651 ≈ ____

b) 3,0909 ≈ ____
66,0926 ≈ ____
5,7027 ≈ ____
22,4085 ≈ ____
8,3099 ≈ ____

c) 0,9959 ≈ ____
3,5892 ≈ ____
4,9966 ≈ ____
0,1423 ≈ ____
0,5842 ≈ ____

4 Wurde auf- oder abgerundet? Kreuze an.

	4,73 ≈ 4,7	2,65 ≈ 2,7	8,89 ≈ 8,9	1,004 ≈ 1	0,03054 ≈ 0,031
aufgerundet					
abgerundet					

5 Finde Dezimalbrüche mit drei Stellen nach dem Komma, die gerundet die angegebene Zahl ergeben.

3,01	7,58	0,95	100,99

6 Hier wurde gerundet. Wie viel könnte es mindestens, wie viel höchstens sein?

a) Ich gehe etwa 1,3 km zur Schule. ____

b) Den 50-m-Lauf schaffe ich in 8,2 s. ____

c) Es waren ungefähr 300 Menschen anwesend. ____

1 Schreibe als Dezimalbruch.

a) $\frac{7}{10}$ $2\frac{3}{10}$ $\frac{41}{10}$ $\frac{101}{10}$

b) $\frac{2}{100}$ $\frac{308}{100}$ $5\frac{17}{100}$ $\frac{1413}{100}$

c) $\frac{9}{1000}$ $\frac{510}{1000}$ $\frac{6305}{1000}$ $9\frac{49}{1000}$

d) $\frac{21}{10}$ $4\frac{11}{100}$ $2\frac{2}{1000}$ $3\frac{999}{1000}$

2 Schreibe als Bruch bzw. gemischte Zahl und kürze falls möglich.

a) 0,1 0,5 0,7

b) 0,36 0,49 0,82

c) 3,14 2,09 8,75

d) 7,001 16,092 10,009

3 Erweitere die Brüche auf den Nenner 10, 100 oder 1000 und schreibe sie dann als Dezimalbruch.

a) $\frac{3}{5}$ $\frac{4}{5}$ 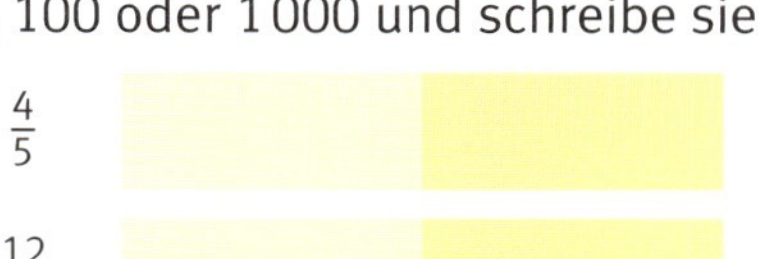 $\frac{1}{4}$ 

b) $\frac{9}{20}$ $\frac{12}{20}$ $\frac{21}{20}$

c) $\frac{17}{40}$ $\frac{3}{40}$ $\frac{54}{40}$

d) $\frac{4}{50}$ $\frac{44}{50}$ $\frac{64}{50}$

4 Bringe die Brüche zuerst auf den Nenner 10, 100 oder 1000 und schreibe sie dann als Dezimalbruch.

a) $\frac{9}{30}$ $\frac{16}{40}$ $\frac{21}{70}$ 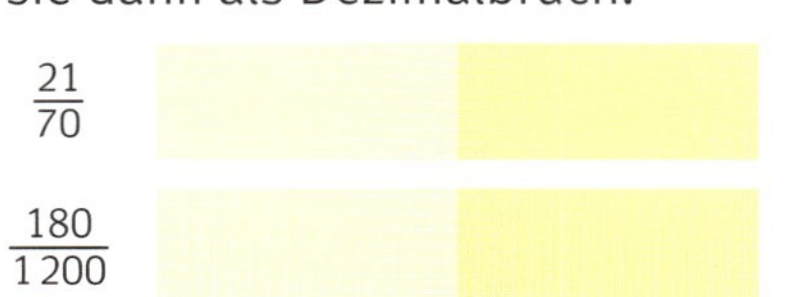

b) $\frac{150}{2500}$ $\frac{48}{2400}$ $\frac{180}{1200}$

c) $\frac{15}{100}$ $\frac{999}{1000}$ $\frac{1800}{2000}$

5 a) Schreibe als Divisionsaufgabe, dann rechne aus.

$\frac{3}{4}$ = *3 : 4* = *0,75*

$\frac{2}{5}$ = ____ = ________

$\frac{3}{8}$ = ____ = ________

$\frac{3}{15}$ = ____ = ________

b) Brich die Rechnung nach vier Stellen nach dem Komma ab, dann runde auf die dritte Stelle.

$\frac{2}{3}$ = *2 : 3* = ________ ≈ ________

$\frac{4}{9}$ = ____ = ________ ≈ ________

$\frac{1}{6}$ = ____ = ________ ≈ ________

$\frac{2}{7}$ = ____ = ________ ≈ ________

1 Addiere folgende Dezimalzahlen.

a)

	0	, 3
+	4	, 4

b)

	0	, 5	4
+	0	, 3	2

c)

	1	1	, 4	2
+	1	7	, 2	6

d)

	1	2	, 0	3	8
+	1	3	, 9	6	1

e)

	1	1	9	, 7	5	6
+		4	3	, 1	0	2

2 Subtrahiere folgende Dezimalbrüche.

a)

	3	, 9	8	5
–	0	, 7	5	1

b)

	6	4	, 1	8	9
–	1	7	, 4	6	2

c)

	8	, 0	0	6	1
–	7	, 9	9	0	3

d)

	5	3	, 7	6	1	1
–		4	, 9	5	2	3

3 Vervollständige die Rechentreppen.

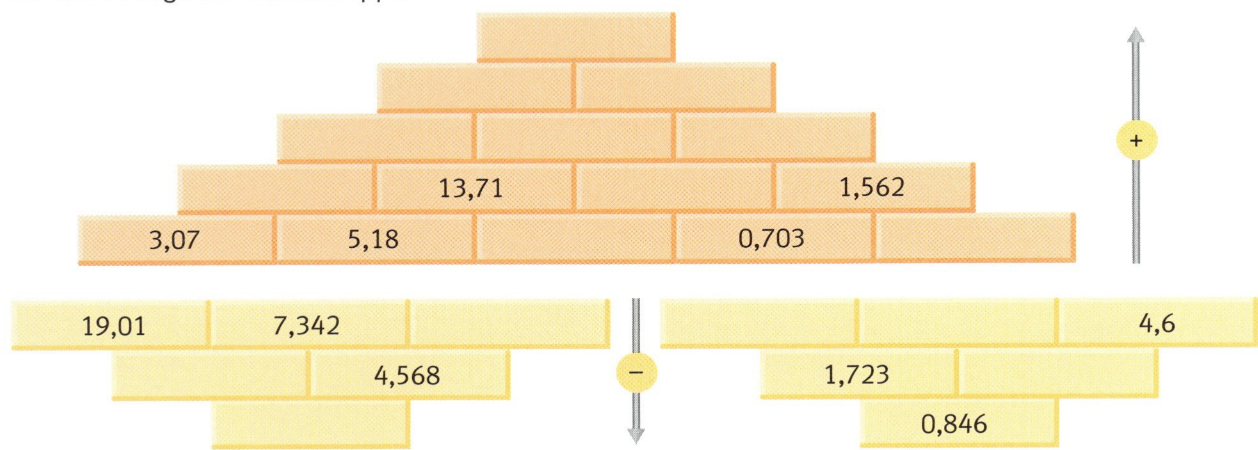

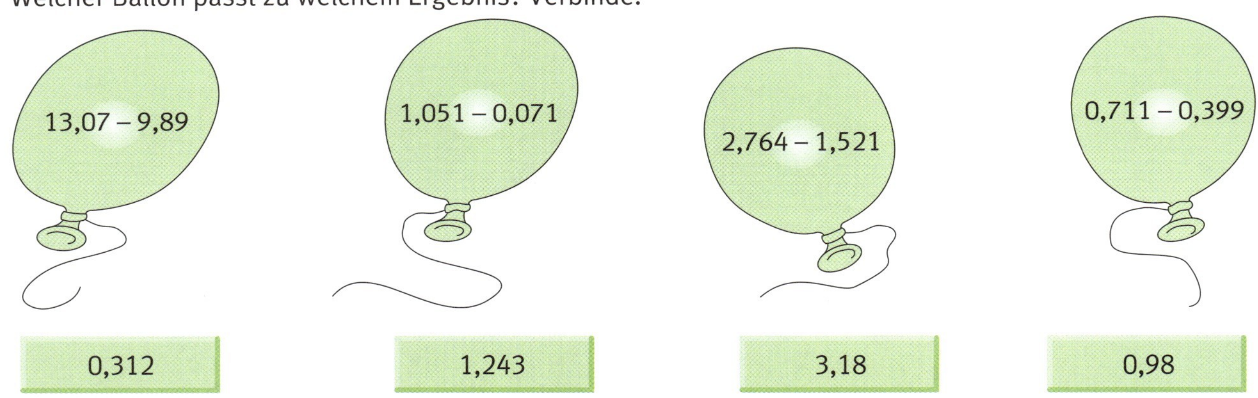

4 Welcher Ballon passt zu welchem Ergebnis? Verbinde.

5 Richtig (r) oder falsch (f)? Korrigiere die Fehler.

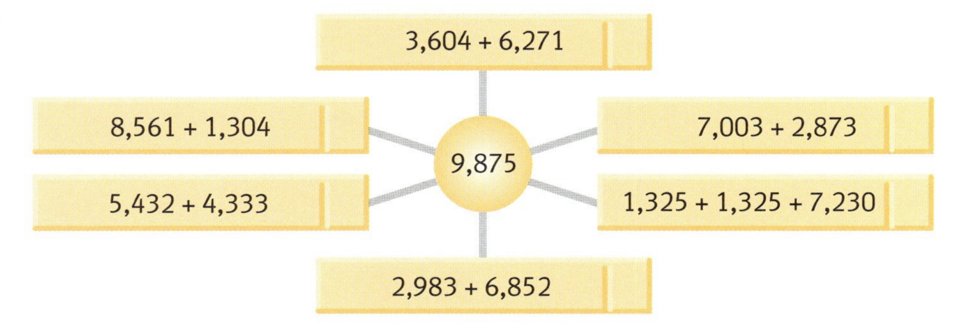

6 Wandle in die größte angegebene Mengeneinheit um und addiere bzw. subtrahiere schriftlich.

a) 0,37 m + 629 mm = ____________________ b) 700,43 g + 6,251 kg = ____________________

1 Multipliziere folgende Dezimalbrüche mit 10, 100, 1000 und 10 000:

	· 10	· 100	· 1000	· 10 000
1,42				
0,67				
0,08				

2
a) 3,51 · 6 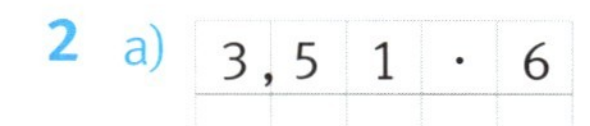
b) 0,98 · 7 
c) 4,62 · 3 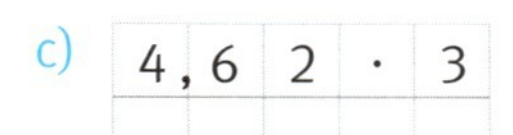
d) 12,05 · 4

e) 3,72 · 4,5 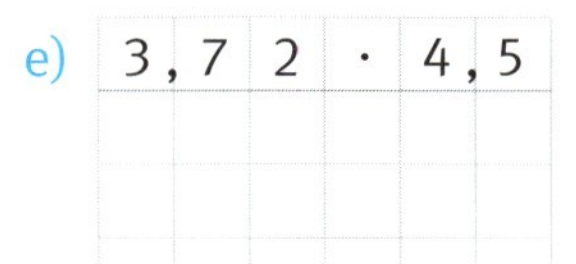
f) 0,7 · 6,32 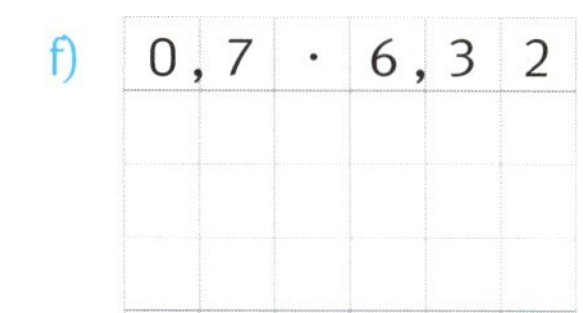
g) 48,8 · 2,96 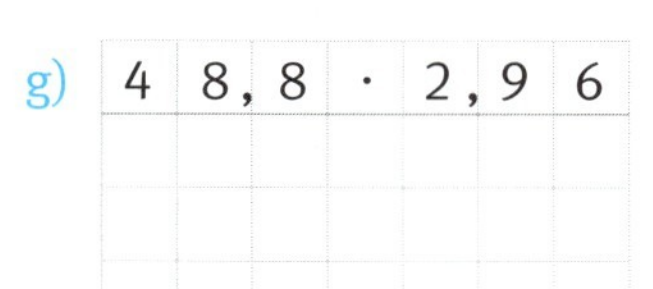
h) 1,05 · 0,34 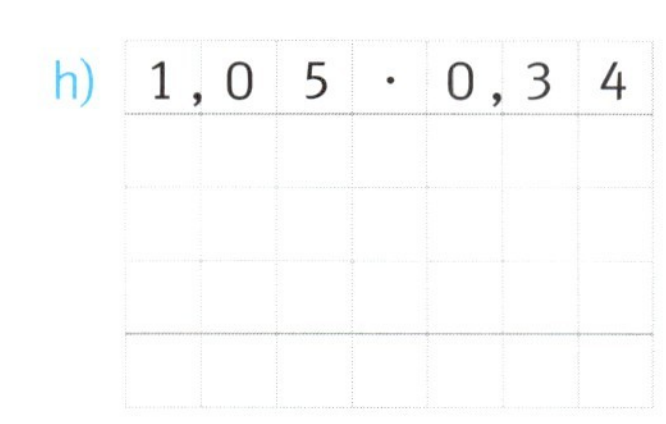

3 Berechne zuerst und setze dann die Zeichen <, > oder =.

a) 7,03 · 14,1 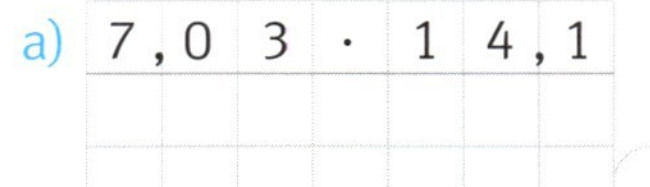 ○ 0,703 · 10,4 
b) 20,8 · 0,59 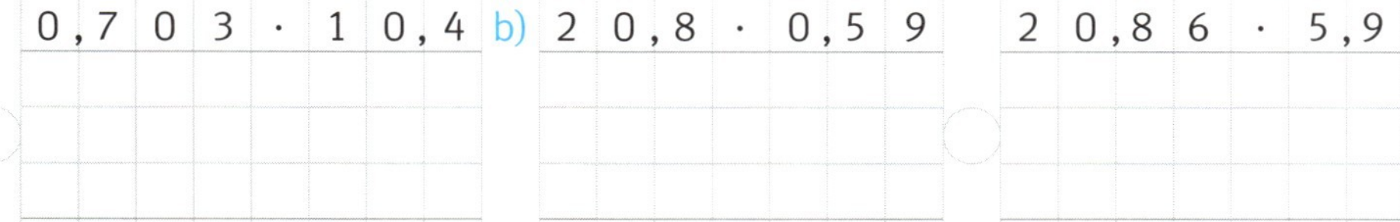 ○ 20,86 · 5,9

c) 1,56 · 0,15  ○ 0,156 · 1,50
d) 15,6 · 0,11 ○ 1,56 · 1,11 

4 Ein Liter Diesel kostet an Tankstelle A 107,9 Ct. Tankstelle B verlangt nur 106,9 Ct.

a) Wie viel muss Herr Mayer jeweils bezahlen, wenn er 64,3 l tankt?
b) Wie hoch ist die Ersparnis?

5 Finde die Fehler und löse dann richtig.

a) 2,04 · 1,07

	204
	000
	1421
	3461

2,04 · 1,07

b) 0,39 · 4,18

	156
	39
	312
	507

0,39 · 4,18

Dezimalbrüche dividieren

1 Dividiere folgende Dezimalbrüche.

a) 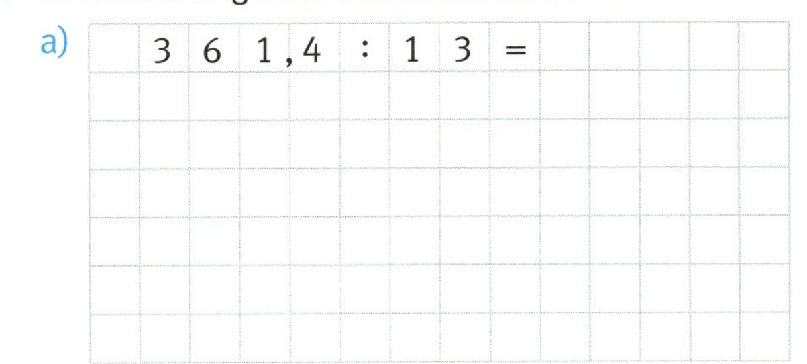

$361{,}4 : 13 =$

b) 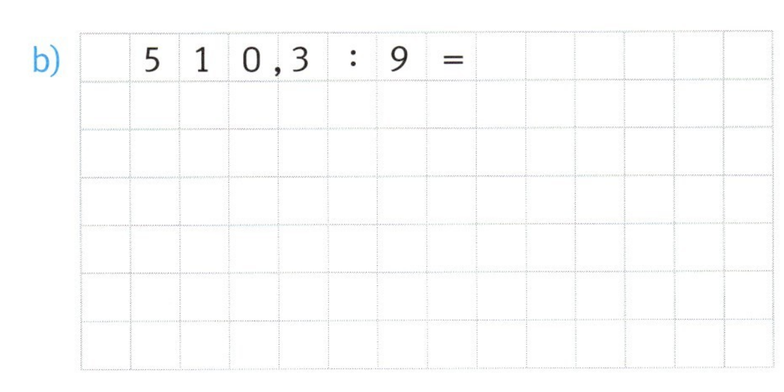

$510{,}3 : 9 =$

c) 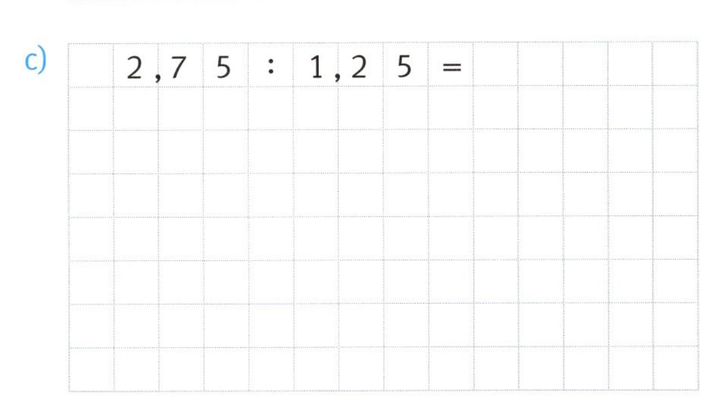

$2{,}75 : 1{,}25 =$

d) 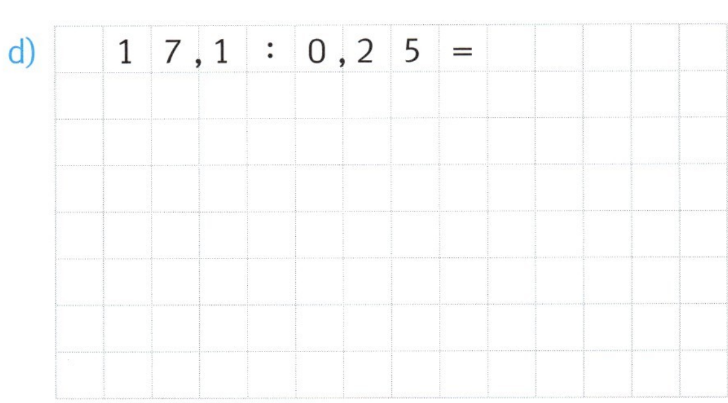

$17{,}1 : 0{,}25 =$

2 a) Dividiere die Zahl 1,29 durch 0,6.

b) Dividiere die Zahl 90,6 durch 0,4.

3 a) Welche Zahl musst du durch 5,1 teilen, damit du 2,5 erhältst?

b) Welche Zahl musst du mit 2,7 multiplizieren, damit du 26,46 erhältst?

4 Herr Schubert kommt mit einer Tankfüllung (49 l) 700 km weit.

a) Wie hoch ist der durchschnittliche Spritverbrauch pro 100 Kilometer?

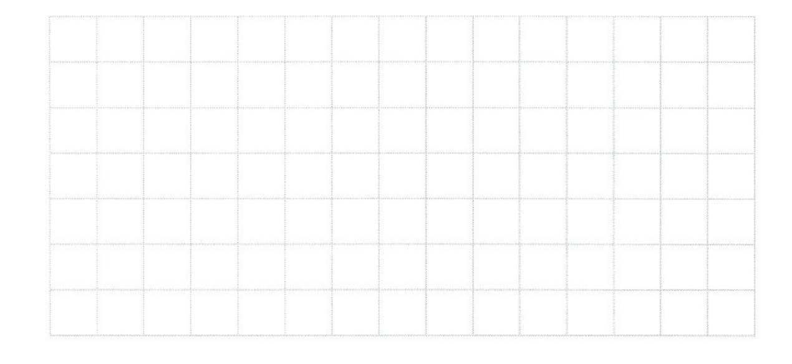

b) Herr Schubert bezahlt an der Tankstelle 59,78 €. Berechne den Literpreis.

Oft genügt es zur Lösung von Aufgaben nicht, nur zu addieren, zu subtrahieren, zu multiplizieren, zu dividieren oder in eine Formel einzusetzen. Andere Vorgehensweisen sind manchmal viel hilfreicher. Probiere bei den folgenden Aufgaben diese Strategien und bewerte anschließend die Vorteile.

Systematisch vorgehen

1 Erstelle aus den Ziffern 3, 4, 5 und 6 zwei zweistellige Zahlen, beispielsweise 34 und 56. Wenn du die zweistelligen Zahlen addierst, ist die Summe immer durch 9 teilbar. Richtig oder falsch?

Muster finden

2 Vater, Mutter und Bello gehen am Strand spazieren. Vater macht große Schritte. Für jeden von Vaters Schritten macht Mutter zwei Schritte. Bello macht für jeden von Mutters Schritten drei Schritte. Wenn sie alle mit dem linken Fuß angefangen haben, wie viele Schritte müssen sie jeweils gehen, bis sie alle wieder einen Schritt mit demselben Fuß machen?

3 Auf einem 3 × 3-Gitternetz wird ein Gebäude aus 20 Bausteinen errichtet. Das Erdgeschoss ist quadratisch, der zweite Stock ist rechteckig. Die mittlere Säule der Westseite ist 6 Bausteine hoch, der Turm in der Nordwest-Ecke ist 3 Bausteine hoch. Wie könnte das Gebäude aussehen? Gib jeweils die Höhe der Säulen durch Zahlen an. Findest du mehrere Möglichkeiten?

Modell nachstellen

NW

W

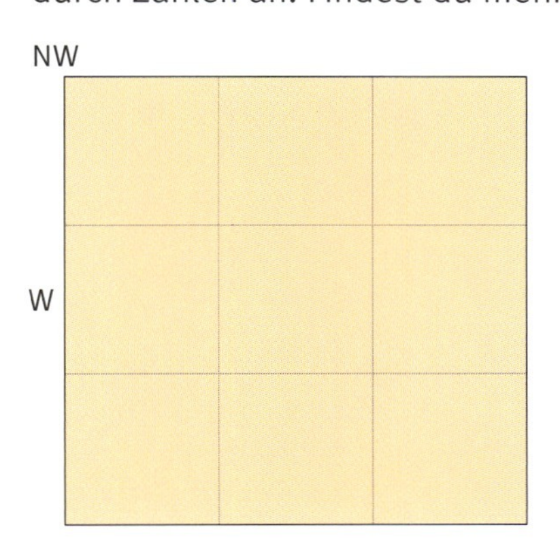

NW

W

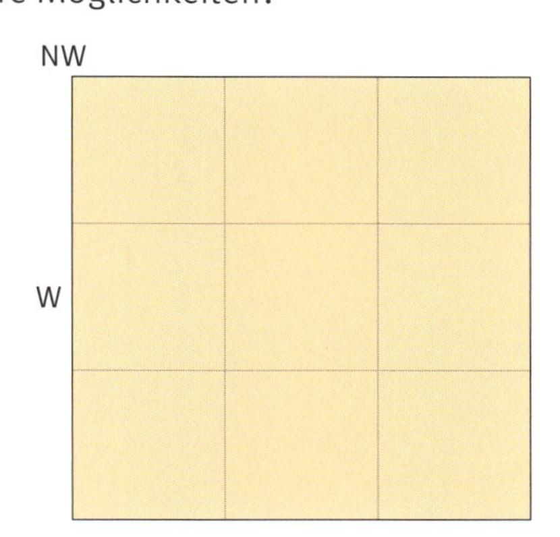

NW

W

Selbsteinschätzung					
Ich kann ...	– –	–	+	+ +	Seite / Aufgabe
Dezimalbrüche in der Stellenwerttafel darstellen.					18/1–18/3, 18/5
Größenangaben in dezimale Schreibweise umwandeln.					18/4
Dezimalbrüche vergleichen und ordnen.					19/1–19/4
Dezimalbrüche runden.					20/1–20/6
Brüche in Dezimalbrüche umwandeln und umgekehrt.					21/1–21/5
Dezimalbrüche addieren und subtrahieren.					22/1–22/6
Dezimalbrüche multiplizieren und dividieren.					23/1–23/5, 24/1–24/4
Lösungsstrategien anwenden.					25/1–25/3

Würfel- und Quadernetze beschreiben und ergänzen

1 Welche Flächen liegen sich am Würfel gegenüber? Male in derselben Farbe aus.

a)

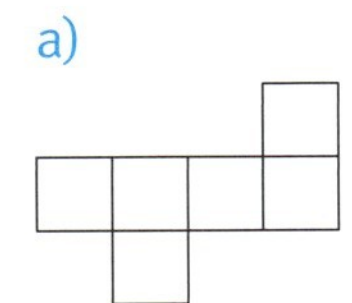

b)

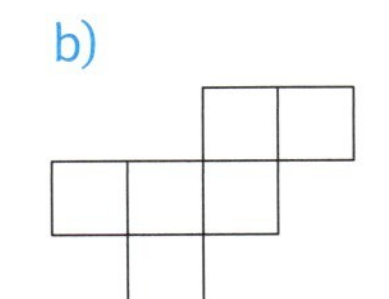

c)

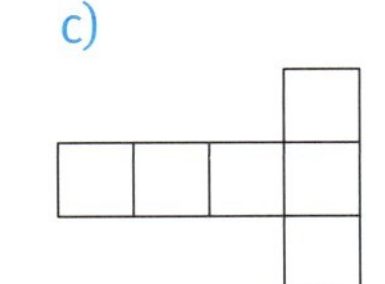

d)

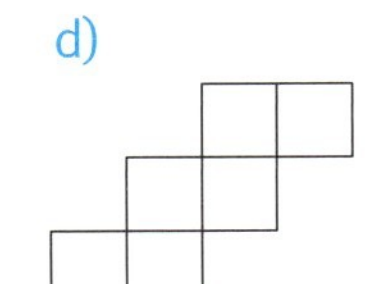

e)

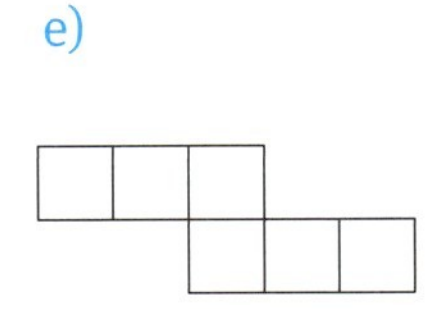

2 Welche Netze sind Quadernetze? Markiere bei diesen die jeweils gegenüberliegenden Flächen in derselben Farbe.

a)

b)

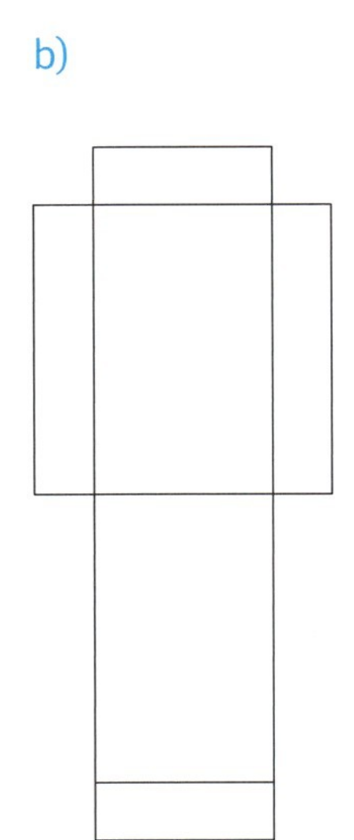

c)

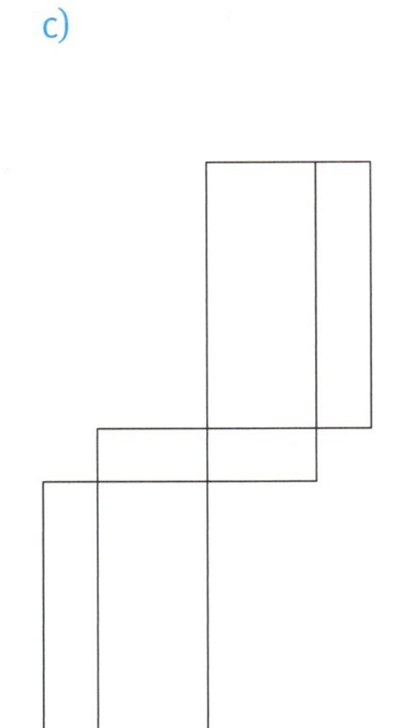

d)

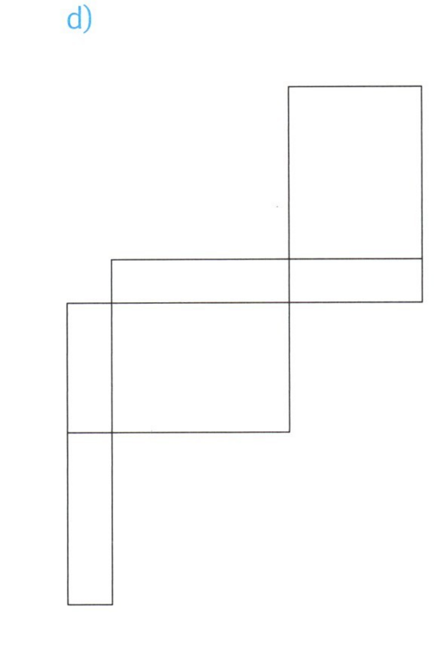

3 Ergänze zum vollständigen Quadernetz.

a)

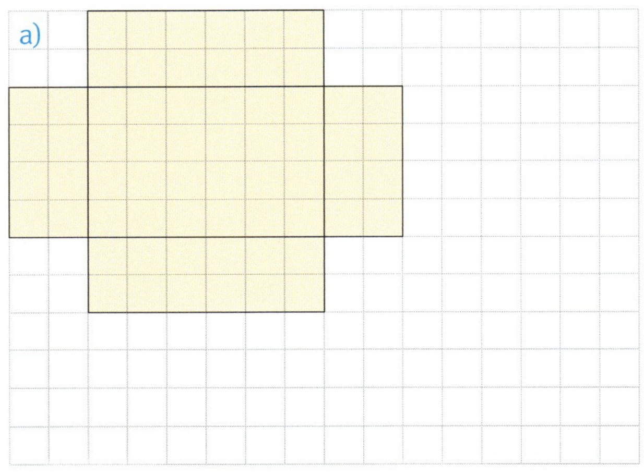

b)

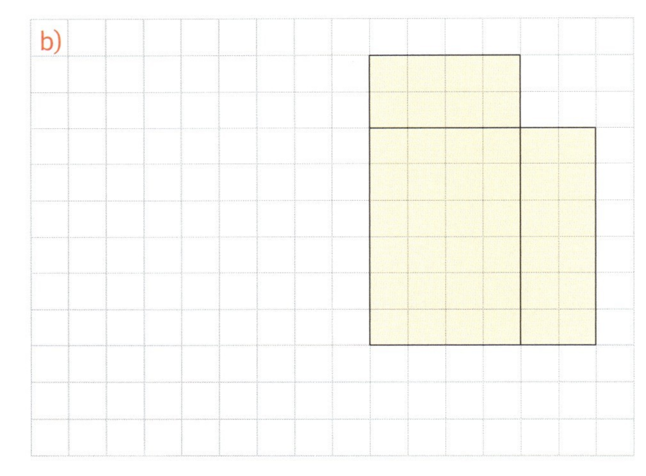

4 Welcher Würfel gehört zu dem Würfelnetz? Begründe.

1

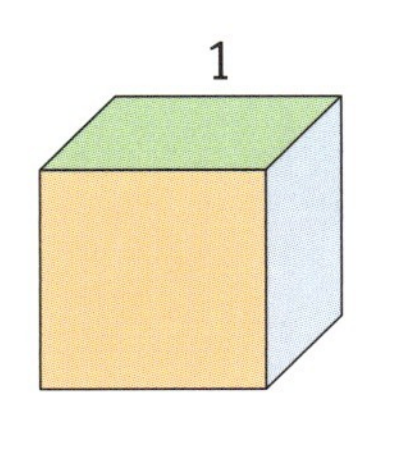

2

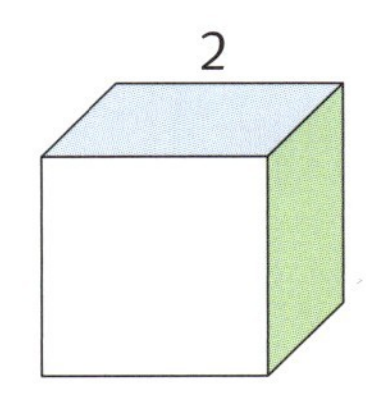

3

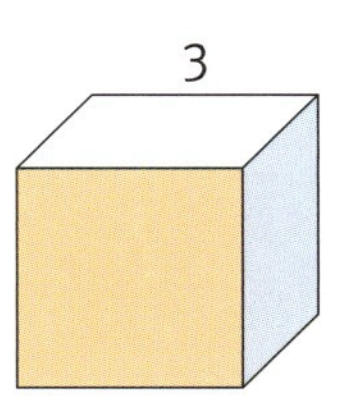

4

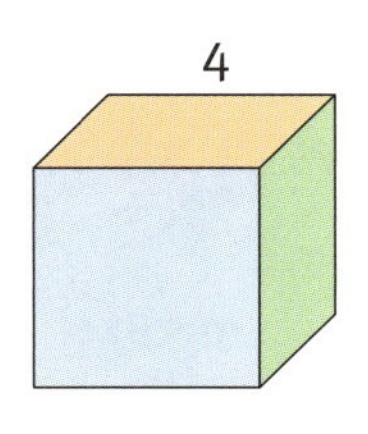

____

____

1 Ergänze das Netz und berechne dann die angegebenen Größen.

a) Würfel

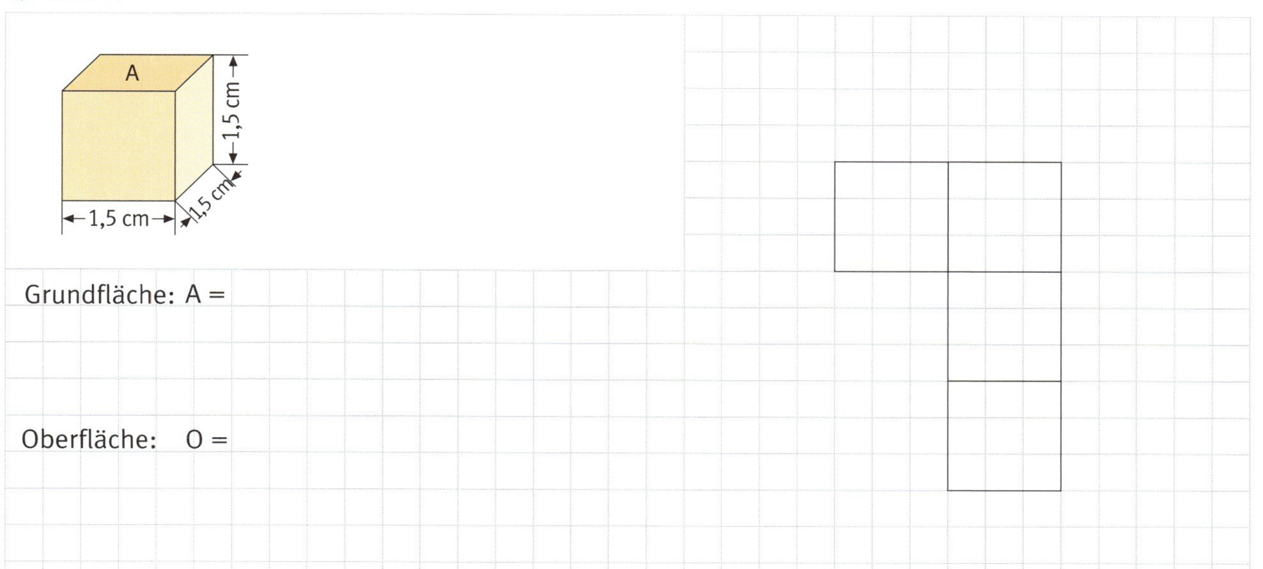

Grundfläche: A =

Oberfläche: O =

b) Quader

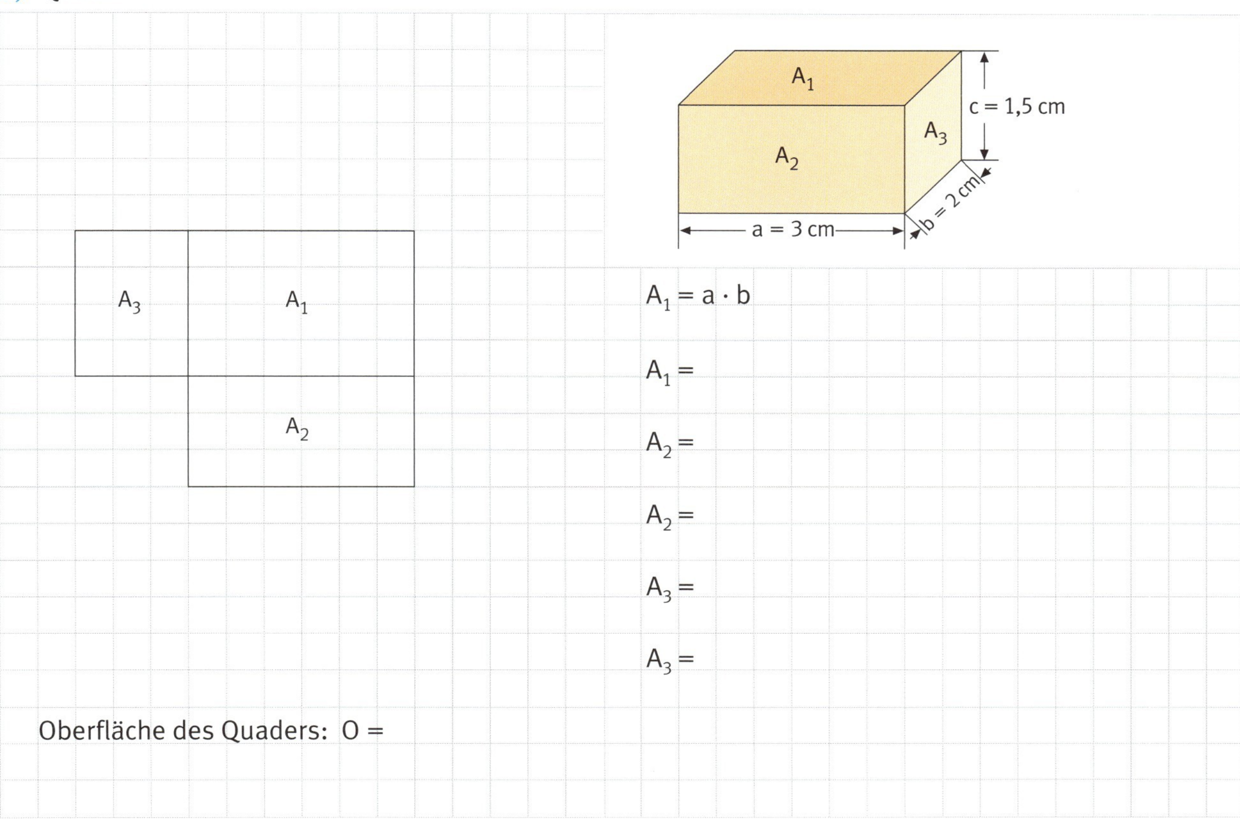

$A_1 = a \cdot b$

$A_1 =$

$A_2 =$

$A_2 =$

$A_3 =$

$A_3 =$

Oberfläche des Quaders: O =

2 a)

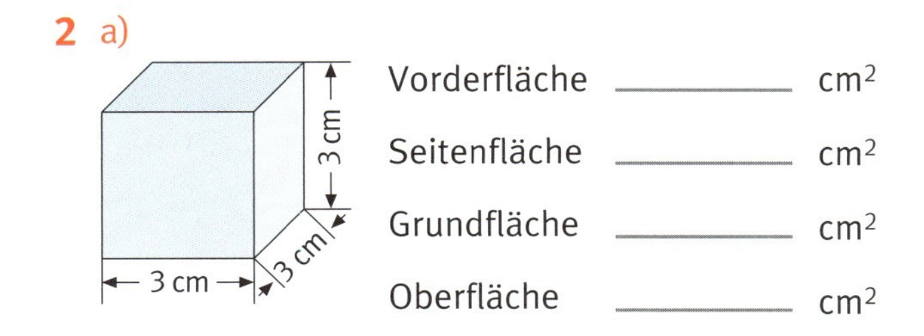

Vorderfläche ________ cm²

Seitenfläche ________ cm²

Grundfläche ________ cm²

Oberfläche ________ cm²

b)

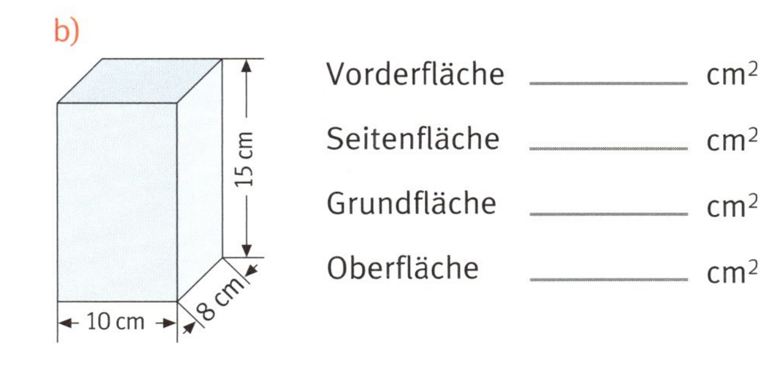

Vorderfläche ________ cm²

Seitenfläche ________ cm²

Grundfläche ________ cm²

Oberfläche ________ cm²

Oberfläche von Würfel und Quader bestimmen

1 Berechne die Oberfläche der Körper.

2 Die kleinen Würfel haben alle die Kantenlänge 1 cm. Wie groß ist jeweils die Oberfläche der zusammengesetzten Körper?

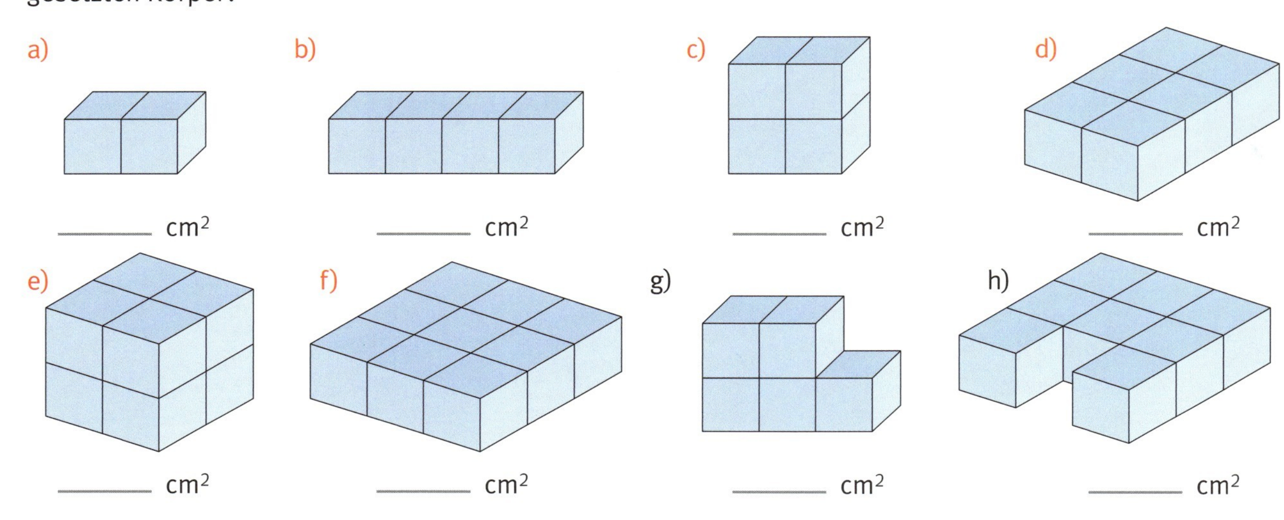

3 Berechne die Oberfläche desselben Körpers auf zwei unterschiedliche Weisen.

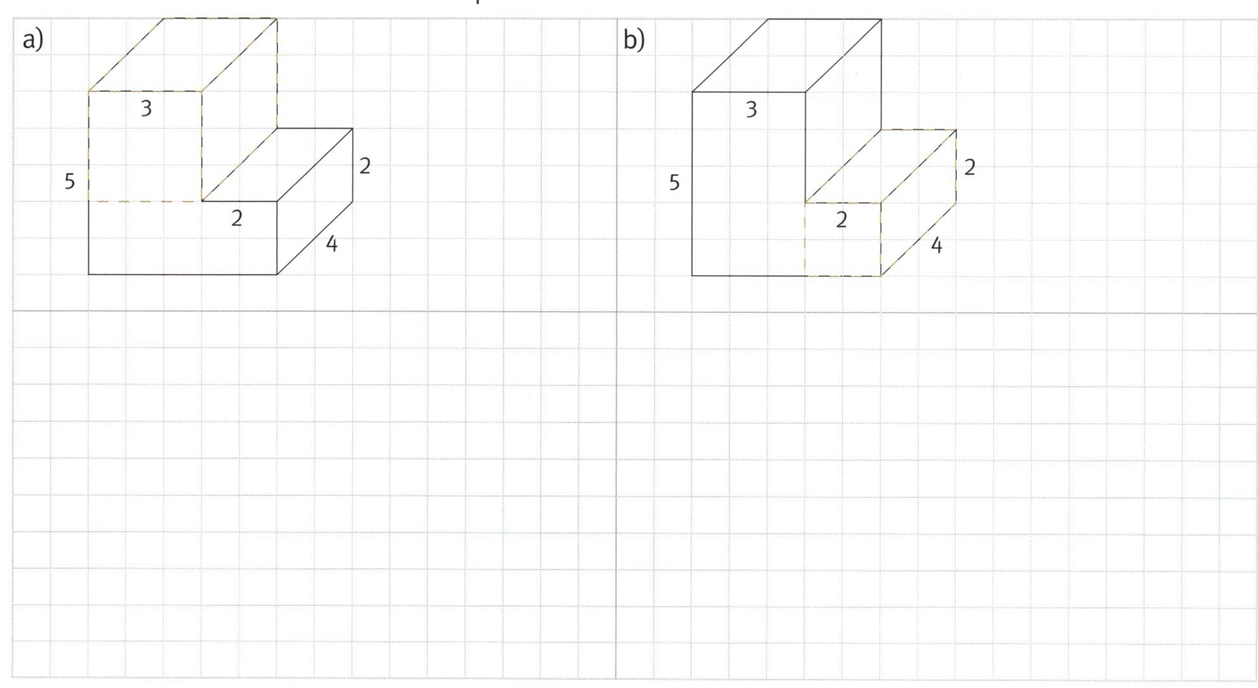

1 Welche Körper haben jeweils den gleichen Rauminhalt?

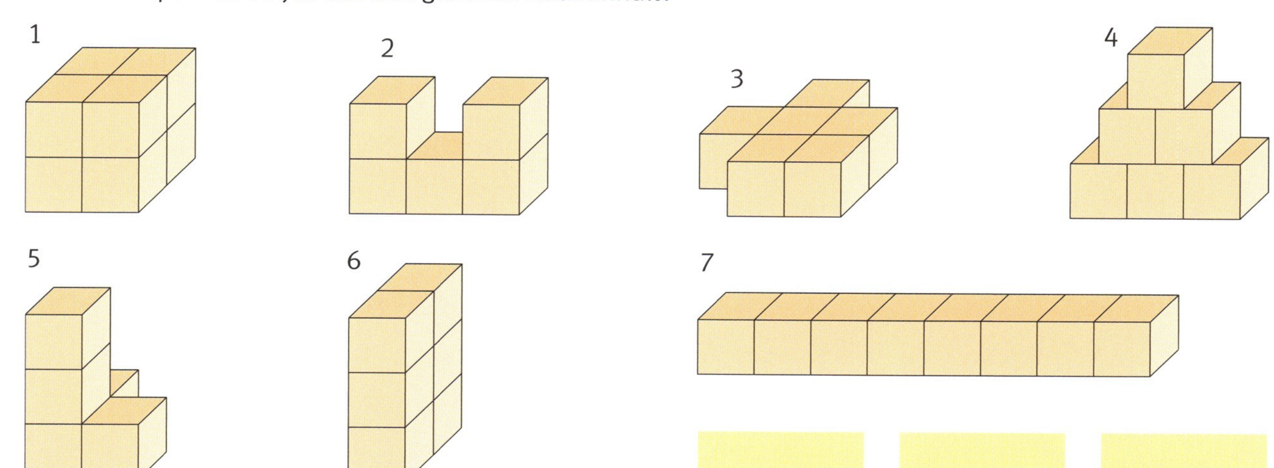

2 Bestimme das Volumen der Körper, wenn ein kleiner Würfel 1 cm^3 entspricht.

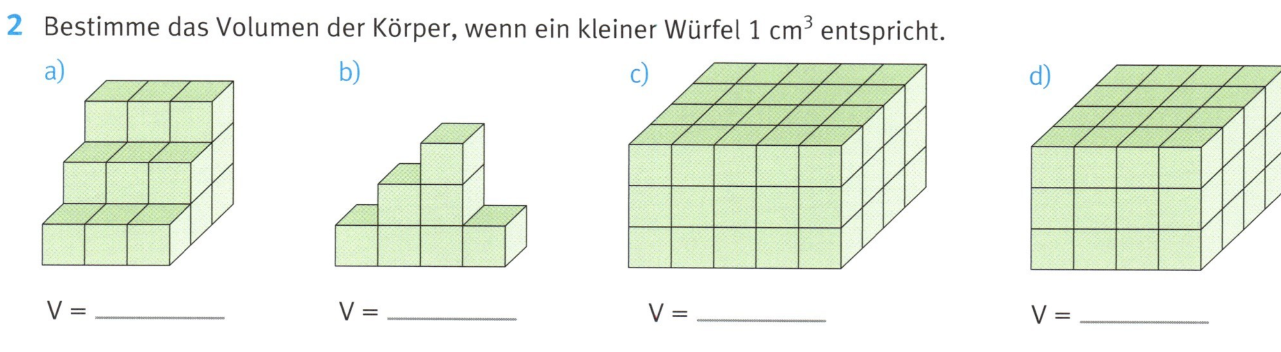

3 Berechne das Volumen folgender Körper.

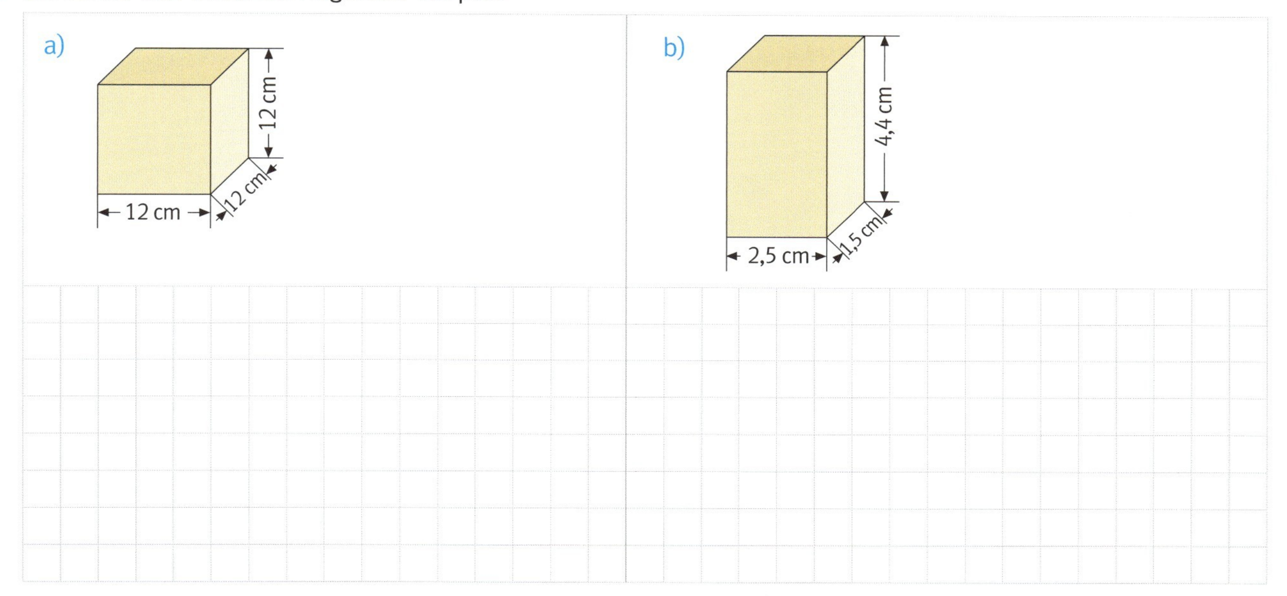

4 Ergänze die Tabelle. Löse im Kopf.

	a)	b)	c)	d)	e)
Länge a	8 m	7 cm	5 m	6 cm	
Breite b	5 m	4 cm	4 m		0,5 m
Höhe c	2 m	3 cm		5 cm	4 m
Volumen V			40 m^3	600 cm^3	12 m^3

Volumen von Würfel und Quader bestimmen

1 Berechne das Volumen des zusammengesetzten Körpers.

2 Berechne das Volumen auf verschiedene Weise.

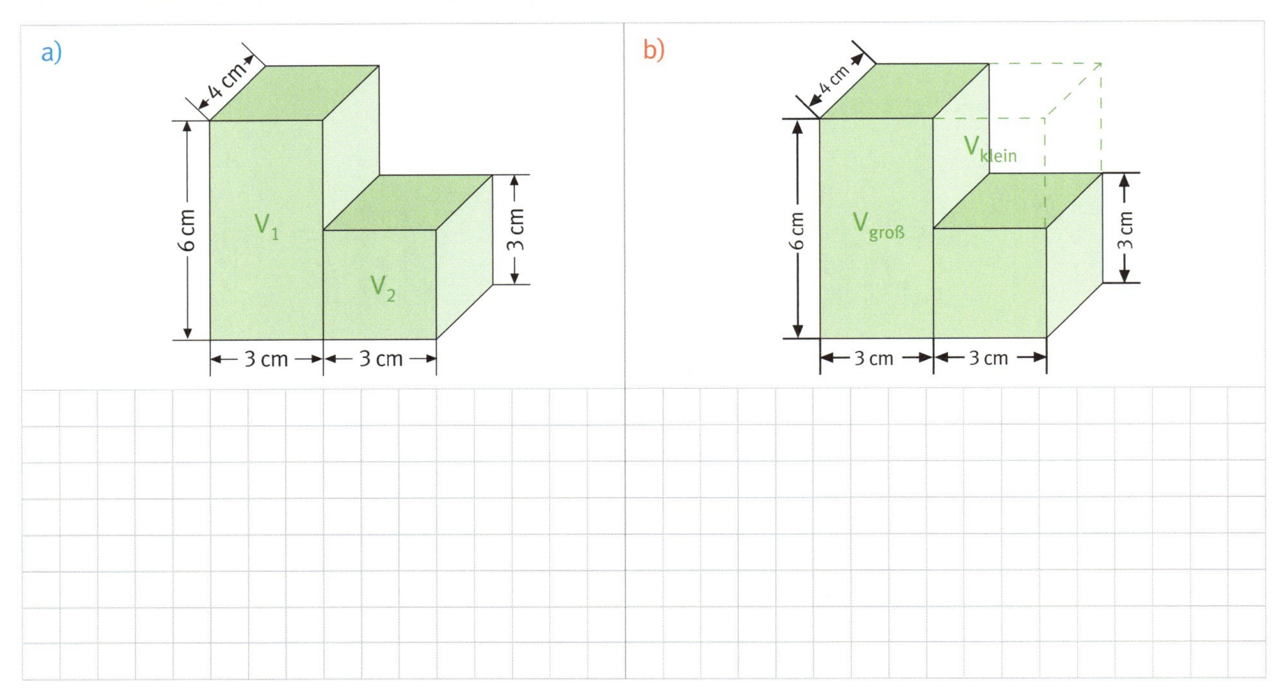

3 Berechne das Volumen auf verschiedene Weise.

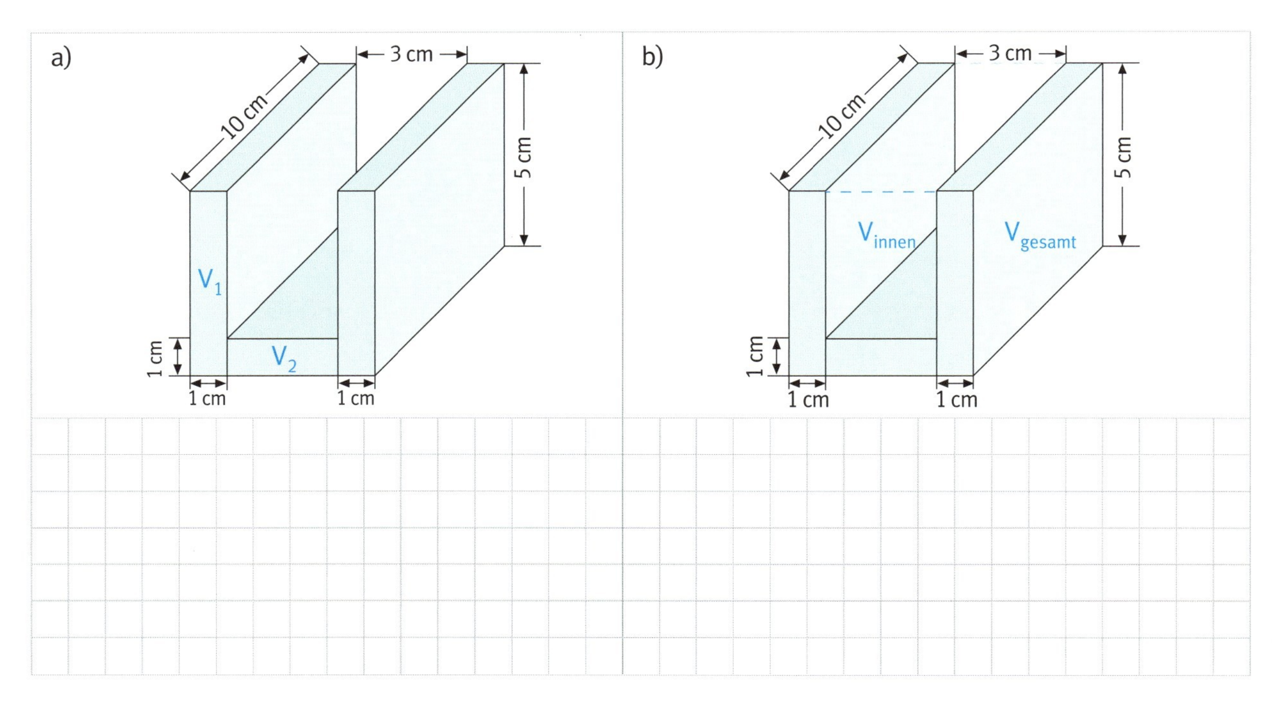

1 Rechne um.

$1\ cm^3 =$	mm^3
$1\ dm^3 =$	l

$1\ dm^3 =$	cm^3
1 hl =	l

1 l =	cm^3
$1\ m^3 =$	l

2 Verwandle in die nächstkleinere Einheit.

a) $24\ dm^3$ = ____________ b) $4{,}05\ cm^3$ = ____________

c) $8\ cm^3$ = ____________ d) $203\ dm^3$ = ____________

e) $11\ m^3$ = ____________ f) $2{,}004\ m^3$ = ____________

g) $32\ cm^3$ = ____________ h) $40{,}5\ dm^3$ = ____________

3 Verwandle in die nächstgrößere Einheit.

a) $21\,000\ cm^3$ = ____________ b) $4\,300\ dm^3$ = ____________

c) $6\,500\ dm^3$ = ____________ d) $80\,800\ mm^3$ = ____________

e) $72\,000\ mm^3$ = ____________ f) $350\ cm^3$ = ____________

g) $900\,000\ cm^3$ = ____________ h) $45\ dm^3$ = ____________

4 Verwandle in die angegebene Maßeinheit.

a) $19\ cm^3$ = ____________ mm^3 b) $5{,}25\ cm^3$ = ____________ mm^3

c) $15\ m^3$ = ____________ hl d) $6{,}5\ dm^3$ = ____________ m^3

e) $78\ dm^3$ = ____________ cm^3 f) 2,25 hl = ____________ l

g) $32\ m^3$ = ____________ dm^3 h) $1{,}05\ m^3$ = ____________ dm^3

i) 41 l = ____________ cm^3 j) $7\,200\ mm^3$ = ____________ cm^3

k) 30 800 l = ____________ m^3 l) $9\,045\,000\ mm^3$ = ____________ cm^3

5 Ordne der Größe nach. Beginne mit dem kleinsten Rauminhalt.

a)

$6\,500\ cm^3$	$6{,}9\ dm^3$	$6\ m^3$	$64\ dm^3$	$67\,000\ cm^3$	$9\,600\,000\ mm^3$	$0{,}095\ m^3$

____

____

b)

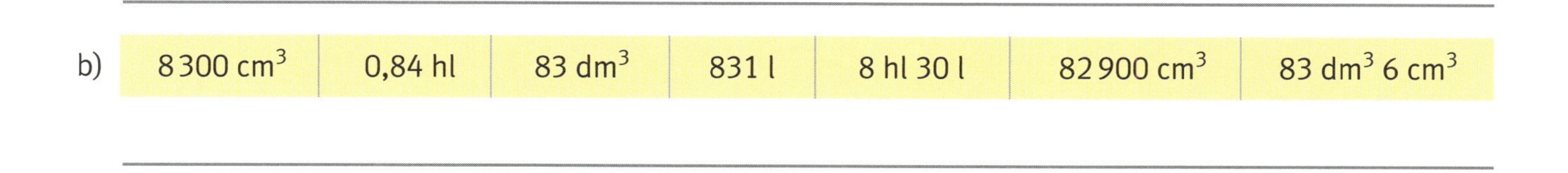

$8\,300\ cm^3$	0,84 hl	$83\ dm^3$	831 l	8 hl 30 l	$82\,900\ cm^3$	$83\ dm^3\ 6\ cm^3$

____

____

Volumen von zusammengesetzten Körpern berechnen

1 Eine Treppe wird betoniert. Wie viel Beton wird benötigt? Berechne das Volumen der Treppe auf verschiedene Weise.

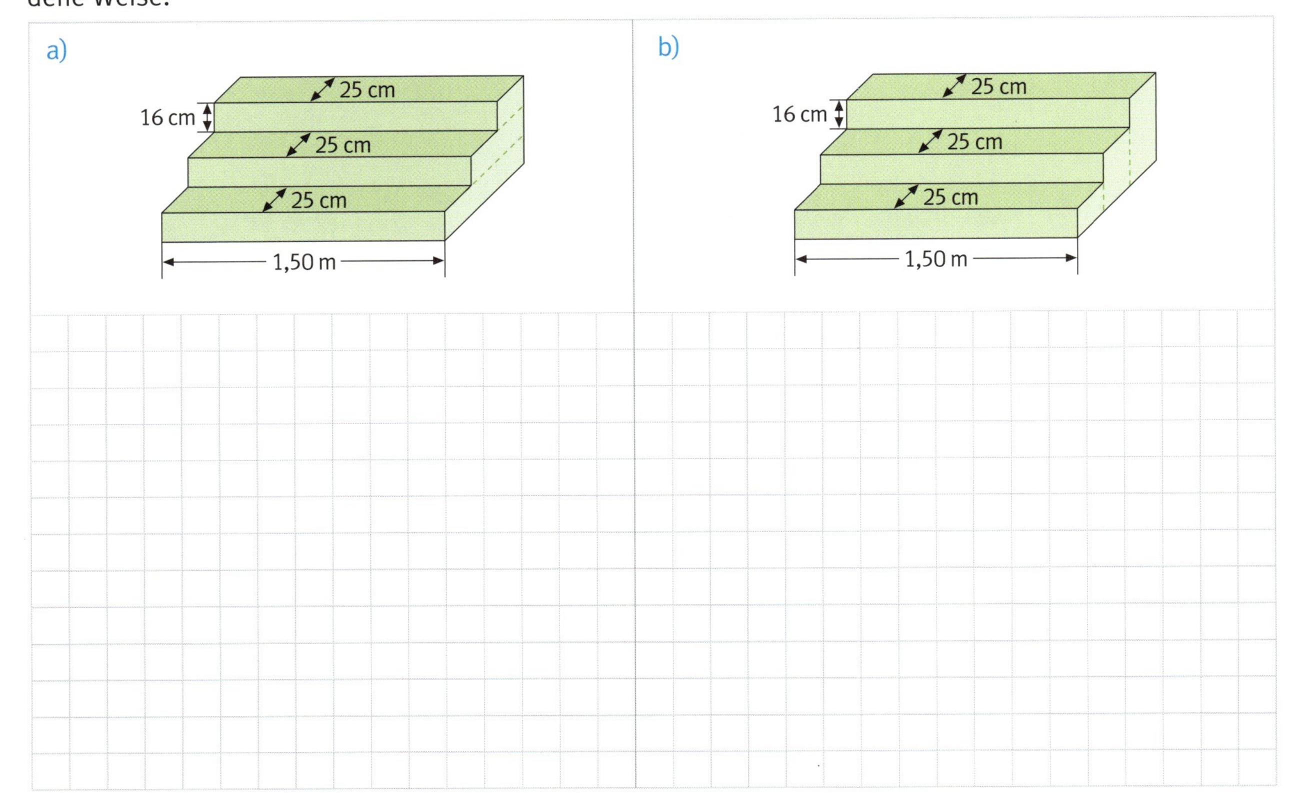

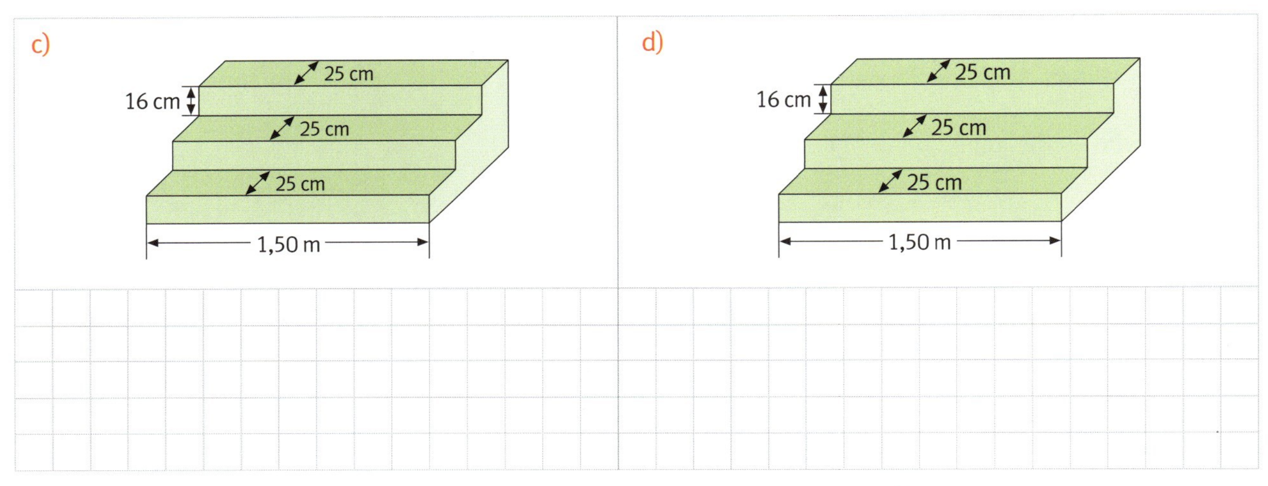

2 Die Trittstufen werden mit Granitplatten belegt.

a) Berechne die Fläche der Granitplatten, wenn diese vorn und an den beiden Seiten je 2 cm überstehen.

b) Wie teuer kommen die Granitplatten, wenn 1 m^2 50 € kostet?

1 Berechne jeweils die Oberfläche und das Volumen der Quader.

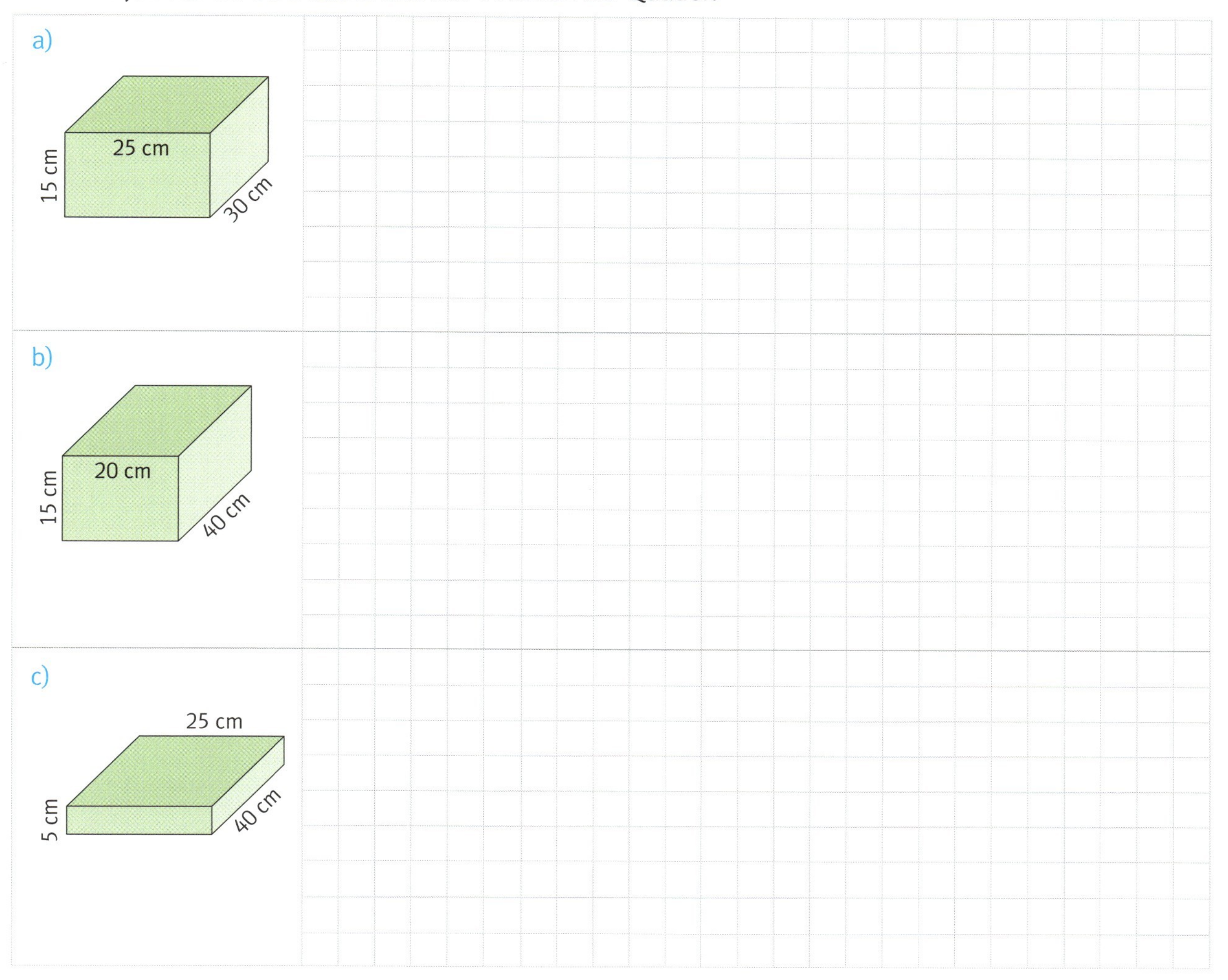

2 Das angegebene Werkstück besteht aus zwei Quadern. Berechne sein Volumen und die Oberfläche.

Selbsteinschätzung					
Ich kann ...	– –	–	+	+ +	Seite / Aufgabe
Würfel- und Quadernetze beschreiben und ergänzen.					26/1–26/4
die Oberfläche von Würfeln und Quadern zeichnen und bestimmen.					27/1–27/2, 28/1–28/3, 32/2, 33/1
das Volumen von Würfeln, Quadern und zusammengesetzten Körpern bestimmen.					29/1–29/4, 30/1–30/3, 32/1, 33/1–33/2
Volumeneinheiten umwandeln.					31/1–31/5

1 a) $22 - (14 - 8)$
=
=

b) $(7 + 14) - 21$
=
=

c) $1 + (5 + 6) - 2$
=
=

d) $9 \cdot (4 + 3) + 5$
=
=
=

e) $60 : (10 - 4) + 27$
=
=
=

f) $4 + 21 : 3 - 7$
=
=
=

2 a) $17 \cdot 3 + 28$
=
=

b) $40 - 6 \cdot 5 + 11$
=
=

c) $3 \cdot 5 - 16 : 4$
=
=

d) $39 - 40 : 10 + 6 \cdot 3$

=
=

e) $32 : 4 + 3 \cdot 7 - 34 : 17$

=
=

3 Finde die Fehler und verbessere.

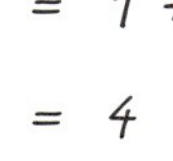

a) $15 : (15 : 3 - 2) + 3$
$= 15 : (15 : 1) + 3$
$= 1 + 3$
$= 4$

b) $(60 : 12) + (20 : 5)$
$= 60 : 12 + 20 : 5$
$= 5 + 20 : 5$
$= 25 : 5$
$= 5$

4 Notiere zuerst den ganzen Term und rechne dann schrittweise.

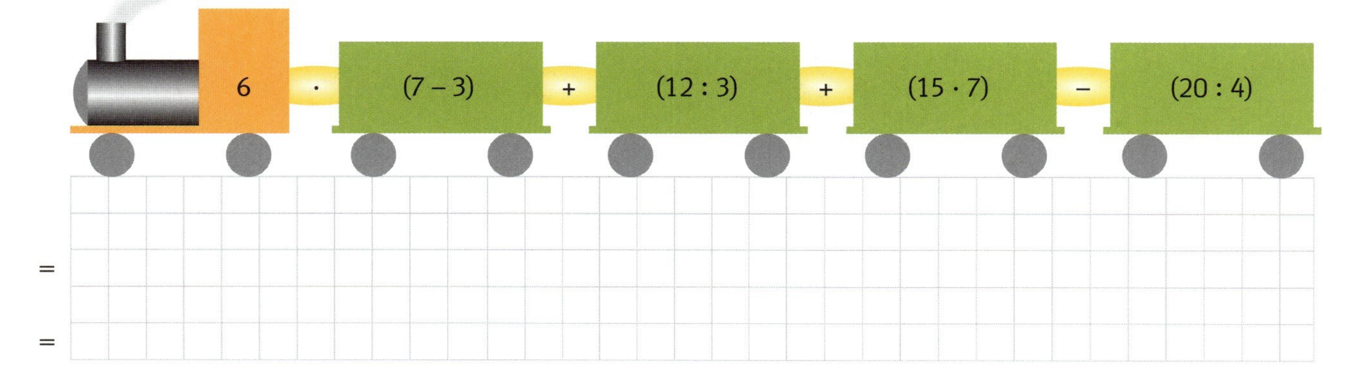

=
=

1 Forme die Terme um und berechne.

a) 17 · (8 – 5)
=
=

b) (21 + 6) · 4

=
=

c) (18 – 4) : 2
=
=

d) 21 : (8 – 1)
=
=

2 Klammere aus und berechne.

a) 8 · 4 + 14 · 4 – 11 · 4
=
=
=

b) 6 · 7 + 6 · 7 – 6 · 13

=
=
=

c) 15 : 7 + 13 : 7 – 14 : 7

=
=
=

3 Rechne vorteilhaft.

a) 164 + 13 + 27

=
=

b) 29 – 17 – 3

=
=

c) 7 · 8 · 12,5

=
=

d) 42 : 3 : 7

=
=

4 Ordne der Textaufgabe den richtigen Term zu und berechne.

a) Subtrahiere von 108 die Zahlen 21 und 9. → Dividiere durch 3. → Addiere 19 dazu.

○ (108 – 21 – 9) : 3 – 19
○ (108 + 21 – 9) : 3 + 19
○ (108 – 21 – 9) : 3 + 19

b) Multipliziere die Zahl 8 mit 9. → Subtrahiere davon die Summe aus 2 und 5. → Addiere die Zahl 5.

○ (8 : 9) + (2 – 5) + 5
○ (8 · 9) + (2 + 5) – 5
○ (8 · 9) – (2 + 5) + 5

5 Berechne den Flächeninhalt der einzelnen Rechtecke und daraus die Gesamtfläche.

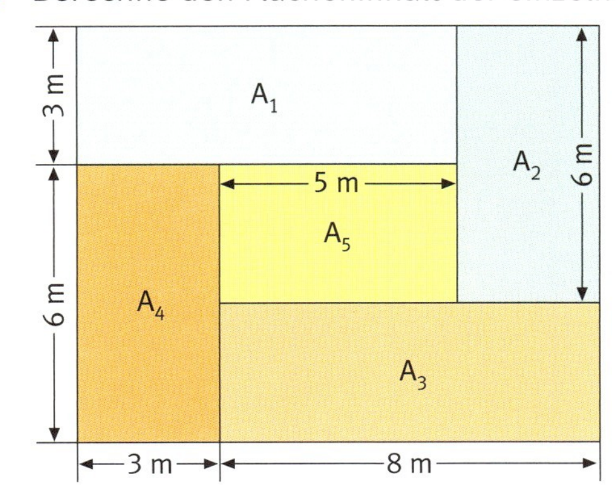

1 Berechne den Wert der Terme für die angegebenen Belegungen von x.

x	$5 \cdot (10 - x)$	$x \cdot (3 + x)$	$4 \cdot x : (56 : 8 - 3) - 2$
2			
5			

x	$(x + 2) \cdot 8$	$(20 - x) \cdot x$	$(x + 1) : 2 + 7$
3			
4			

2 Berechne jeweils y, wenn für x die Zahlen 3, 4 oder 11 eingesetzt werden.

a) $y = 3 + x \cdot 1{,}5$

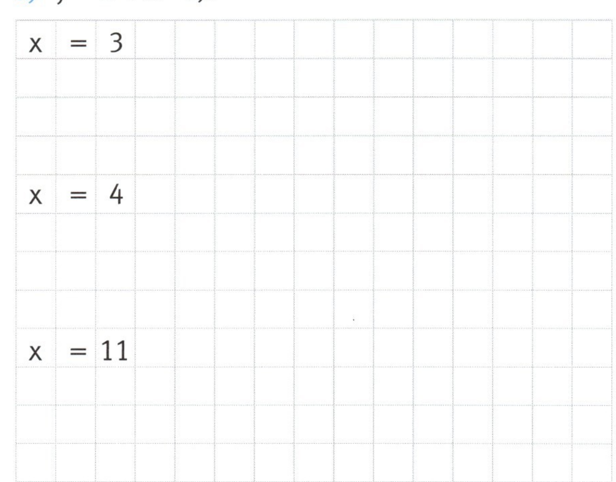

b) $y = 2{,}5 \cdot x - (x - 2)$

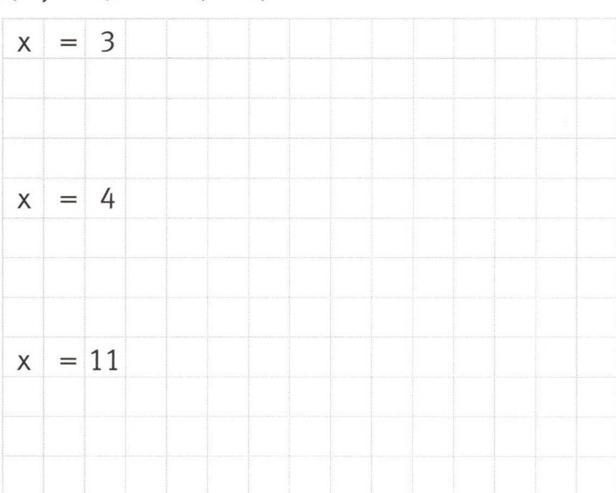

3 Welche Zahl muss man für x einsetzen, damit beide Terme denselben Wert haben?

a)
$4 \cdot x$
$35 - x$
x =

b)
$x + 3$
$108 : x$
x =

c)
$3 + x \cdot 7$
$x \cdot 8 - 8$
x =

d)
$x + 3 \cdot x$
$100 : x$
x =

e)
$7 \cdot x$
$4 \cdot x + 9$
x =

f)
$12 \cdot x + 3$
$10 \cdot x + 5$
x =

g)
$2 \cdot x + 3$
$3 \cdot x - 2$
x =

h)
$x : 2 + 1$
$26 - 2 \cdot x$
x =

4 Frau Klinger kauft beim Metzger folgende Wurstsorten ein:
150 g Schinkenwurst (100 g zu 1,10 €), 180 g Salami (100 g zu 2,10 €), 150 g Leberwurst (100 g zu 1,80 €). Mit welchem Schein hat sie bezahlt, wenn sie 1,87 € zurück bekommt?
Stelle den Term auf und berechne.

1 Bestimme die Bruchteile der Flächen.

a) 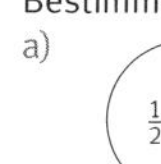 
$\frac{1}{2}, \frac{1}{8}, \frac{3}{8}$

b) 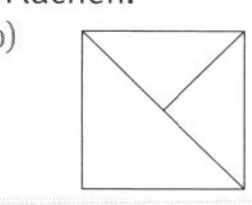
$\frac{1}{2}, \frac{1}{4}, \frac{1}{4}$

c) 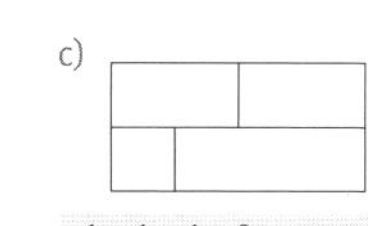
$\frac{1}{4}, \frac{1}{4}, \frac{1}{8}, \frac{3}{8}$

d) 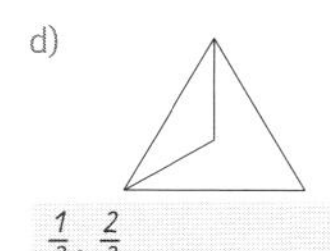
$\frac{1}{3}, \frac{2}{3}$

2 Welcher Bruchteil ist jeweils eingefärbt? Unterteile geschickt.

a) 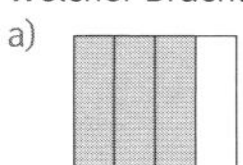
$\frac{3}{4}$

b) 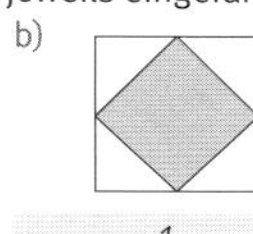
$\frac{1}{2}$

c) 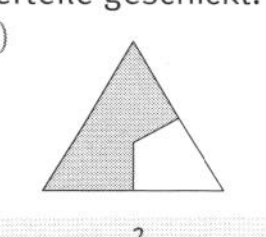
$\frac{2}{3}$

d) 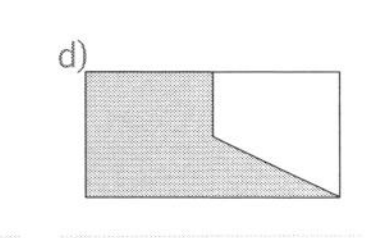
$\frac{5}{8}$

e) 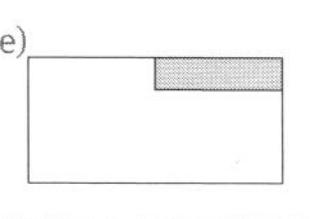
$\frac{1}{8}$

3 Schraffiere den angegebenen Bruchteil der Fläche. *Lösungsmöglichkeiten:*

a) $\frac{2}{3}$ 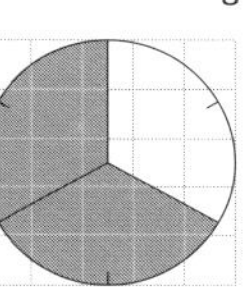

b) $\frac{7}{12}$ 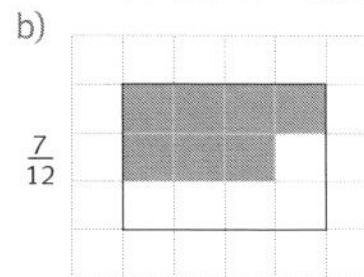

c) $\frac{3}{5}$

d) $\frac{1}{2}$ 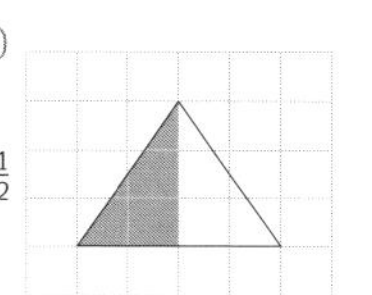

4 Zeichne ein.

a) $\frac{4}{5}$ der Länge: *8 cm*

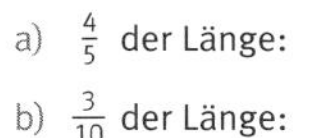

b) $\frac{3}{10}$ der Länge: *3 cm*

5 Zeichne jeweils das Ganze. *Lösungsmöglichkeiten:*

a) 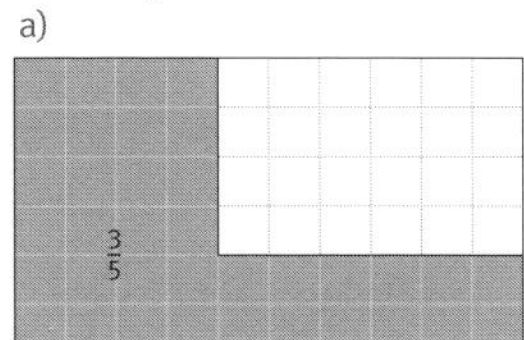

b) 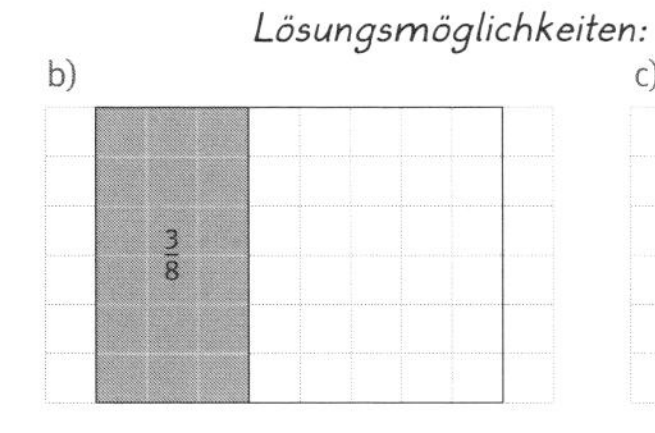

c) 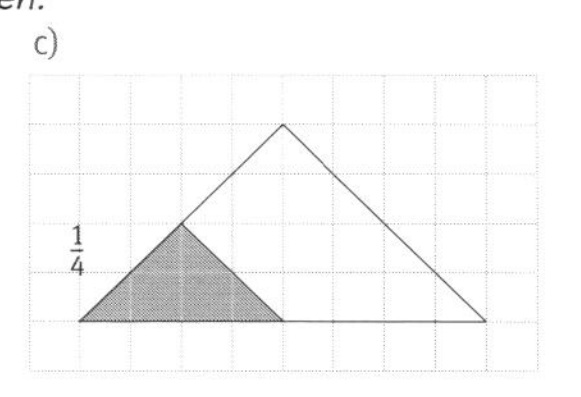

6 Bestimme den Anteil der gefärbten Kreisteile.

a) 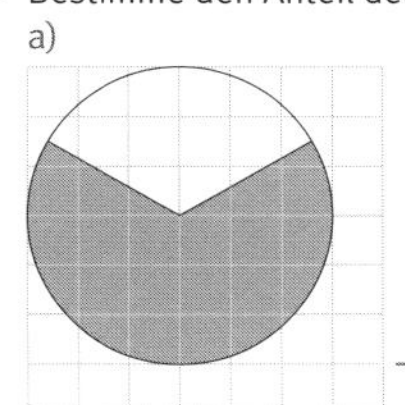
$\frac{2}{3}$

b) 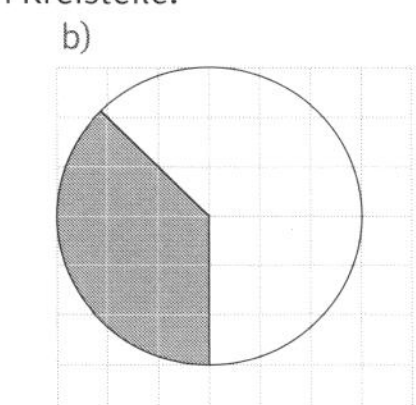
$\frac{3}{8}$

c) 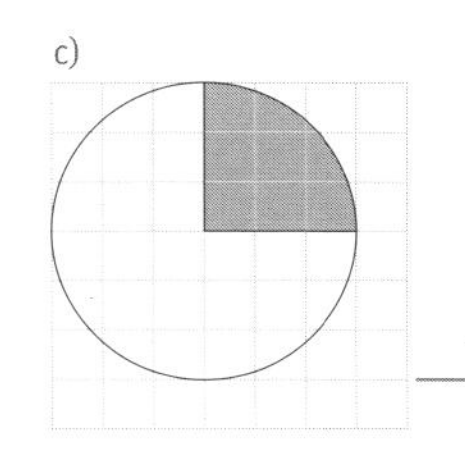
$\frac{1}{4}$

7 Wandle um.

$\frac{3}{4}$ km	$\frac{1}{2}$ h	$\frac{1}{5}$ kg	$1\frac{1}{2}$ hl	*0,8* dm²	$\frac{7}{10}$ m	*2 125* kg
750 m	30 min	*200* g	*150* l	80 cm²	*7* dm	$2\frac{1}{8}$ t

1 Färbe die Bruchteile und vervollständige die Gleichungen. Je zwei Aufgaben sind gleich.

a) 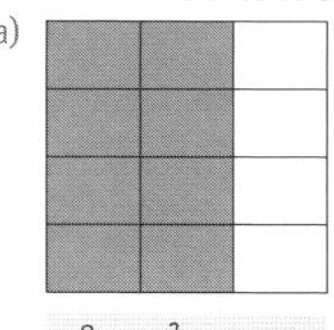
$\frac{8}{12} = \frac{2}{3}$

b) 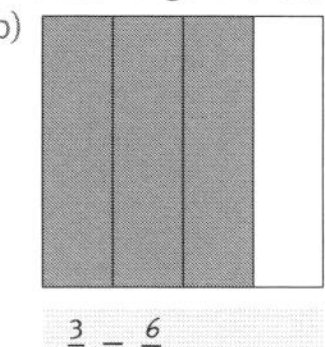
$\frac{3}{4} = \frac{6}{8}$

c) 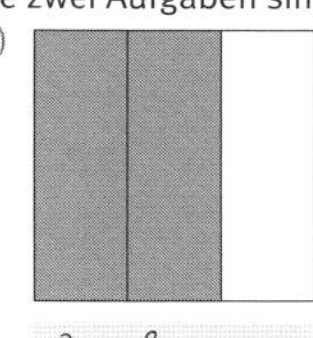
$\frac{2}{3} = \frac{8}{12}$

d) 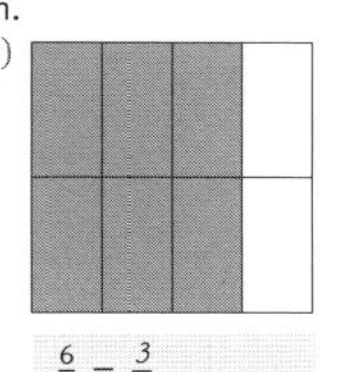
$\frac{6}{8} = \frac{3}{4}$

2 Erweitere folgende Brüche.

	Bruch	mit 2	mit 3	mit 4	mit 5	mit 7	mit 9	mit 11
a)	$\frac{2}{3}$	$\frac{4}{6}$	$\frac{6}{9}$	$\frac{8}{12}$	$\frac{10}{15}$	$\frac{14}{21}$	$\frac{18}{27}$	$\frac{22}{33}$
b)	$\frac{3}{7}$	$\frac{6}{14}$	$\frac{9}{21}$	$\frac{12}{28}$	$\frac{15}{35}$	$\frac{21}{49}$	$\frac{27}{63}$	$\frac{33}{77}$
c)	$\frac{4}{5}$	$\frac{8}{10}$	$\frac{12}{15}$	$\frac{16}{20}$	$\frac{20}{25}$	$\frac{28}{35}$	$\frac{36}{45}$	$\frac{44}{55}$

3 Bestimme die Erweiterungszahl.

a) 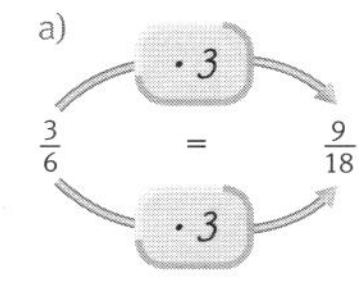

b) 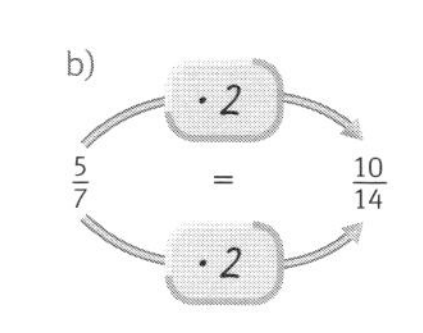

c) 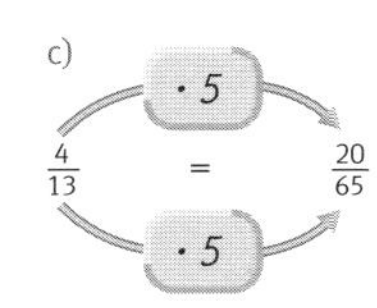

4 Kürze folgende Brüche.

mit 2	mit 3	mit 5	mit 7	mit 9
$\frac{6}{10} = \frac{3}{5}$	$\frac{18}{21} = \frac{6}{7}$	$\frac{15}{25} = \frac{3}{5}$	$\frac{14}{35} = \frac{2}{5}$	$\frac{18}{27} = \frac{2}{3}$
$\frac{8}{12} = \frac{4}{6}$	$\frac{15}{24} = \frac{5}{8}$	$\frac{30}{35} = \frac{6}{7}$	$\frac{28}{42} = \frac{4}{6}$	$\frac{36}{45} = \frac{4}{5}$

5 Bestimme die Kürzungszahl.

a) 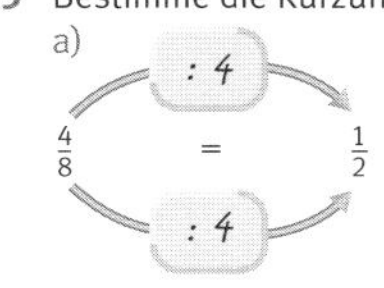

b) 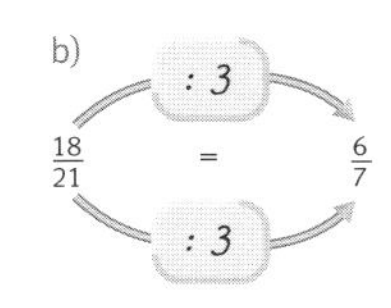

c) 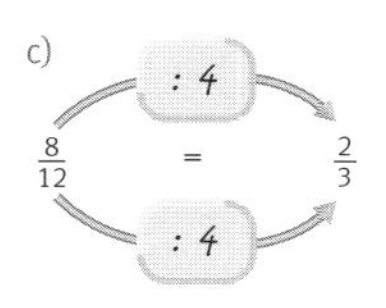

6 Welche der folgenden Brüche sind jeweils gleichwertig zum mittleren? Streiche die falschen durch.

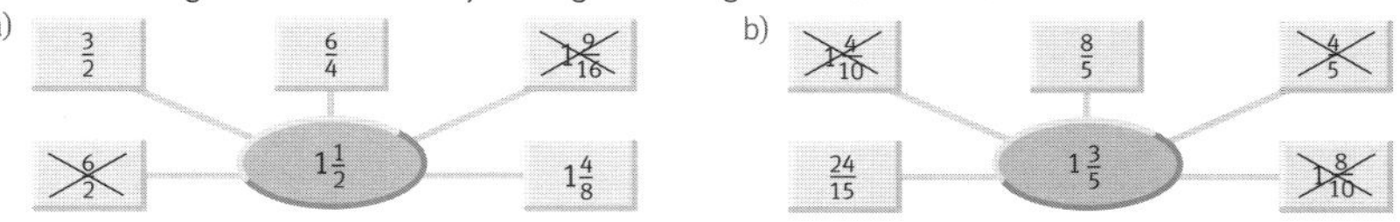

7 Male die jeweils drei gleichwertigen Brüche mit derselben Farbe aus.

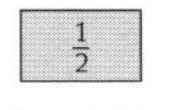 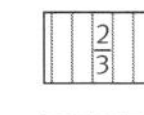 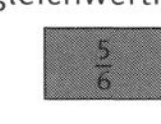 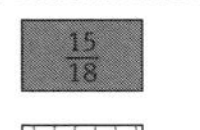 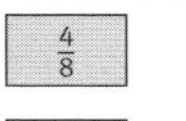  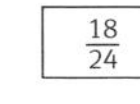 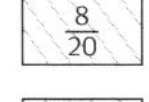

$\frac{1}{2}$ $\frac{2}{3}$ $\frac{5}{6}$ $\frac{15}{18}$ $\frac{4}{8}$ $\frac{4}{5}$ $\frac{12}{16}$ $\frac{18}{24}$ $\frac{8}{20}$

 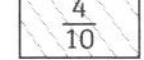

$\frac{2}{5}$ $\frac{12}{15}$ $\frac{5}{10}$ $\frac{8}{12}$ $\frac{6}{9}$ $\frac{9}{12}$ $\frac{8}{10}$ $\frac{10}{12}$ $\frac{4}{10}$

1 Ordne die folgenden Brüche dem Zahlenstrahl zu.

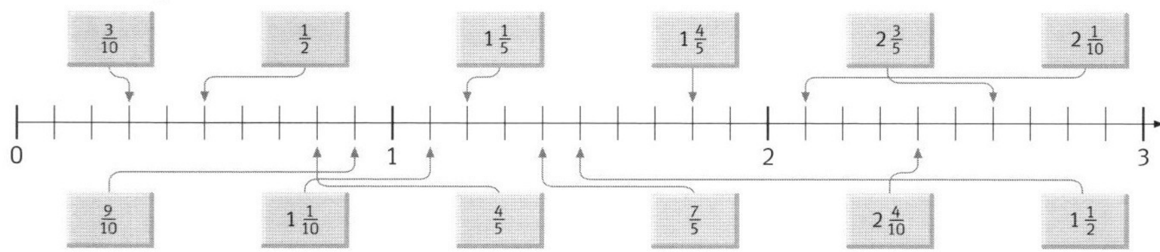

2 Welche Brüche kannst du ablesen? Notiere gemischte Zahlen mit gekürzten Brüchen.

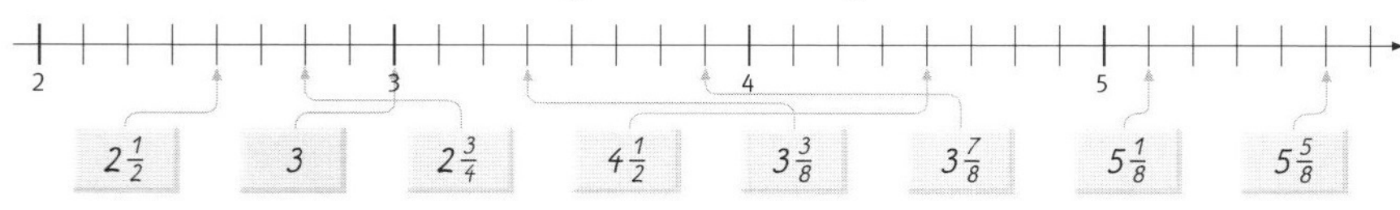

3 Susanne hat einige Brüche falsch abgelesen. Finde diese und schreibe sie richtig darunter.

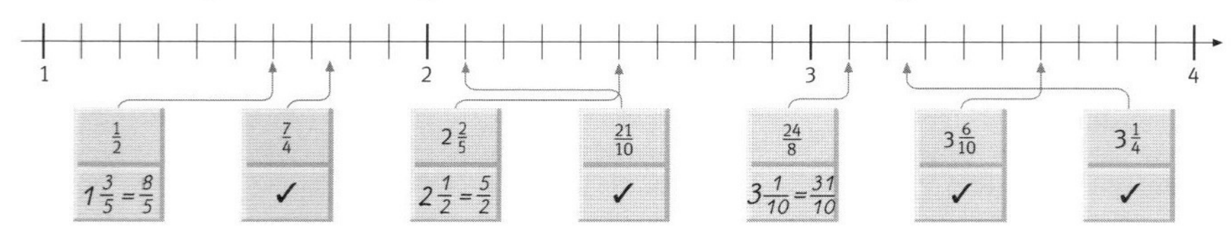

4 <, > oder =?

a) $\frac{2}{3} > \frac{11}{20}$ $\quad \frac{1}{4} < \frac{1}{3}$ $\quad \frac{3}{4} < \frac{4}{5}$ $\quad \frac{3}{10} = \frac{6}{20}$

b) $\frac{16}{20} = \frac{4}{5}$ $\quad \frac{7}{10} < \frac{17}{20}$ $\quad \frac{1}{4} < \frac{2}{5}$ $\quad \frac{3}{5} < \frac{3}{4}$

5 Tante Karola kommt zu Besuch. Sie fragt Sophia: „Ich habe 40 € mitgebracht. Möchtest du davon lieber $\frac{1}{5}$ oder $\frac{1}{4}$ haben?" Wie soll Sophia antworten? Begründe deine Meinung.

Sind bei zwei Brüchen die Zähler gleich, so ist derjenige Bruch größer, dessen Nenner kleiner ist.

Karola sollte also $\frac{1}{4}$ der 40 € nehmen, also 10 €. Andernfalls erhielte sie nur 8 €.

6 Richtig (r) oder falsch (f)? Prüfe nach.

a)	$\frac{2}{3} < \frac{7}{8} < \frac{10}{11}$	r	b)	$\frac{2}{8} > \frac{1}{4} > \frac{1}{9}$	f
c)	$\frac{16}{12} > \frac{1}{2} > \frac{2}{5}$	r	d)	$\frac{3}{10} < \frac{1}{3} < \frac{3}{4}$	r
e)	$\frac{3}{5} < \frac{3}{4} < \frac{3}{2}$	r	f)	$\frac{3}{4} < \frac{2}{3} < \frac{4}{5}$	f
g)	$\frac{8}{6} < \frac{8}{7} < \frac{8}{8}$	f	h)	$\frac{1}{1} < \frac{2}{2} < \frac{4}{4}$	f
i)	$\frac{1}{5} < \frac{1}{4} < \frac{1}{3}$	r	j)	$\frac{0}{4} > \frac{0}{3} > \frac{0}{2}$	f

1 Addiere und subtrahiere mithilfe der Zeichnungen.

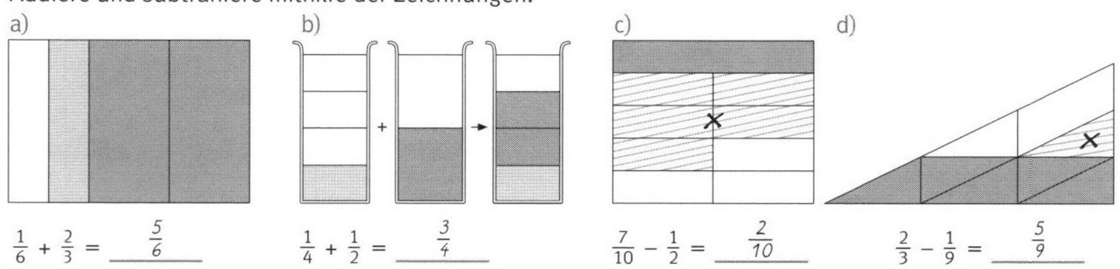

a) $\frac{1}{6} + \frac{2}{3} = \frac{5}{6}$ $\quad$ b) $\frac{1}{4} + \frac{1}{2} = \frac{3}{4}$ $\quad$ c) $\frac{7}{10} - \frac{1}{2} = \frac{2}{10}$ $\quad$ d) $\frac{2}{3} - \frac{1}{9} = \frac{5}{9}$

2 Berechne. Die Felder können dir beim Erweitern der Brüche helfen.

a)

$\frac{1}{3} + \frac{1}{4} = \frac{4}{12} + \frac{3}{12} = \frac{7}{12}$	$\frac{2}{3} - \frac{1}{4} = \frac{8}{12} - \frac{3}{12} = \frac{5}{12}$
$\frac{1}{3} + \frac{2}{4} = \frac{4}{12} + \frac{6}{12} = \frac{10}{12}$	$\frac{3}{4} - \frac{2}{3} = \frac{9}{12} - \frac{8}{12} = \frac{1}{12}$
$\frac{1}{3} + \frac{3}{4} = \frac{4}{12} + \frac{9}{12} = \frac{13}{12} = 1\frac{1}{12}$	$\frac{4}{4} - \frac{2}{3} = \frac{12}{12} - \frac{8}{12} = \frac{4}{12}$

b)

$\frac{3}{4} + \frac{1}{5} = \frac{15}{20} + \frac{4}{20} = \frac{19}{20}$	$\frac{3}{4} - \frac{3}{5} = \frac{15}{20} - \frac{12}{20} = \frac{3}{20}$
$\frac{3}{5} + \frac{2}{4} = \frac{12}{20} + \frac{10}{20} = \frac{22}{20} = 1\frac{2}{20}$	$\frac{4}{5} - \frac{2}{4} = \frac{16}{20} - \frac{10}{20} = \frac{6}{20}$
$\frac{1}{4} + \frac{4}{5} = \frac{5}{20} + \frac{16}{20} = \frac{21}{20} = 1\frac{1}{20}$	$\frac{3}{5} - \frac{1}{4} = \frac{12}{20} - \frac{5}{20} = \frac{7}{20}$

c)

$\frac{1}{2} + \frac{2}{5} = \frac{5}{10} + \frac{4}{10} = \frac{9}{10}$
$\frac{4}{5} + \frac{5}{6} = \frac{24}{30} + \frac{25}{30} = \frac{49}{30} = 1\frac{19}{30}$
$2\frac{1}{6} + 3\frac{1}{5} = 2\frac{5}{30} + 3\frac{6}{30} = 5\frac{11}{30}$
$\frac{3}{5} - \frac{1}{6} = \frac{18}{30} - \frac{5}{30} = \frac{13}{30}$
$\frac{4}{5} - \frac{2}{3} = \frac{12}{15} - \frac{10}{15} = \frac{2}{15}$
$4\frac{5}{6} - 1\frac{4}{5} = 4\frac{25}{30} - 1\frac{24}{30} = 3\frac{1}{30}$

3 a) $\frac{57}{100} - \frac{7}{100} = \frac{50}{100} = \frac{1}{2}$ $\quad$ b) $\frac{1}{10} + \frac{1}{100} + \frac{1}{1000} = \frac{111}{1000}$ $\quad$ c) $\frac{95}{100} - \frac{15}{100} - \frac{1}{10} = \frac{70}{100} = \frac{7}{10}$

$\frac{9}{10} + \frac{1}{100} = \frac{91}{100}$ $\quad$ $\frac{900}{1000} - \frac{10}{100} - \frac{1}{10} = \frac{700}{1000} = \frac{7}{10}$ $\quad$ $\frac{20}{100} + \frac{2}{10} + \frac{1}{10} = \frac{50}{100} = \frac{1}{2}$

4 Familie Müller erntet in ihrem Garten $3\frac{1}{2}$ kg Bohnen, dann $2\frac{6}{8}$ kg und noch einmal $3\frac{3}{4}$ kg.

a) Wie viel kg Bohnen werden insgesamt geerntet?
b) Auf dem Markt kostet ein halbes Kilogramm Bohnen 1,95 €. Wie viel Geld hätte Familie Müller einnehmen können?

a) $3\frac{1}{2}$ kg + $2\frac{6}{8}$ kg + $3\frac{3}{4}$ kg = 10 kg
Es werden 10 kg geerntet.
b) $\frac{1}{2}$ kg ≙ 1,95 € → 1 kg ≙ 3,90 €
10 · 3,90 € = 39 €
Sie hätte 39 € einnehmen können.

1 Schreibe als Multiplikationsaufgabe und löse. Färbe die erhaltenen Brüche.

a) 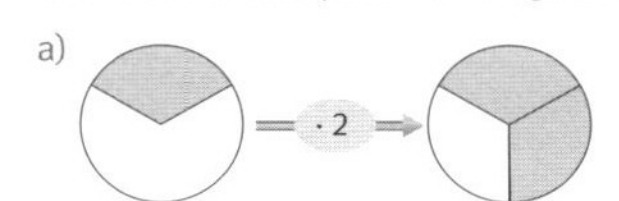

b) 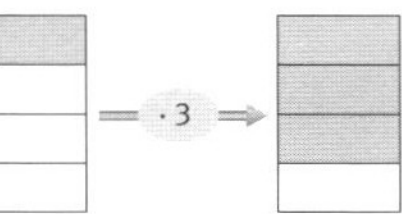

c) 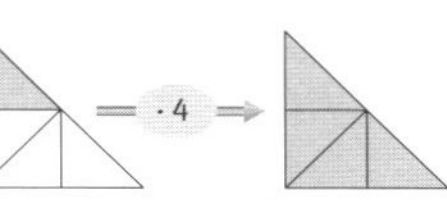

$\frac{1}{3} \cdot 2 = \frac{2}{3}$ $\quad$ $\frac{1}{4} \cdot 3 = \frac{3}{4}$ $\quad$ $\frac{1}{4} \cdot 4 = \frac{4}{4} = 1$

2 a) $\frac{3}{8} \cdot 2 = \frac{6}{8} = \frac{3}{4}$ $\quad$ b) $\frac{2}{7} \cdot 3 = \frac{6}{7}$ $\quad$ c) $\frac{4}{6} \cdot 5 = \frac{20}{6} = 3\frac{1}{3}$ $\quad$ d) $\frac{1}{5} \cdot 4 = \frac{4}{5}$

3 Berechne vorteilhaft.

a) $\frac{1}{5} \cdot \frac{5}{8} = \frac{1}{8}$ $\quad$ b) $\frac{3}{5} \cdot \frac{5}{9} = \frac{3}{9} = \frac{1}{3}$ $\quad$ c) $\frac{7}{18} \cdot \frac{9}{14} \cdot \frac{2}{3} = \frac{2}{12} = \frac{1}{6}$

d) $\frac{6}{11} \cdot \frac{7}{9} = \frac{14}{33}$ $\quad$ e) $\frac{4}{9} \cdot \frac{3}{8} = \frac{1}{6}$ $\quad$ f) $\frac{5}{24} \cdot \frac{12}{21} \cdot \frac{7}{15} = \frac{1}{18}$

4 a) $\frac{3}{4} \cdot \frac{2}{3} = \frac{1}{2}$ $\quad$ b) $\frac{7}{8} \cdot \frac{8}{14} = \frac{1}{2}$ $\quad$ c) $\frac{4}{7} \cdot \frac{5}{2} \cdot \frac{7}{5} = \frac{4}{2} = 2$

d) $\frac{6}{11} \cdot \frac{2}{3} = \frac{4}{11}$ $\quad$ e) $\frac{6}{22} \cdot \frac{11}{18} = \frac{1}{6}$ $\quad$ f) $\frac{3}{5} \cdot \frac{5}{12} \cdot \frac{6}{9} = \frac{1}{6}$

g) $\frac{4}{5} \cdot \frac{3}{7} \cdot \frac{14}{6} \cdot \frac{5}{12} = \frac{2}{6} = \frac{1}{3}$ $\quad$ h) $\frac{9}{14} \cdot \frac{7}{15} \cdot \frac{5}{6} \cdot \frac{2}{4} = \frac{1}{8}$ $\quad$ i) $\frac{2}{3} \cdot \frac{6}{9} \cdot \frac{8}{9} \cdot \frac{3}{4} = \frac{8}{27}$

5 Frau Belter kauft beim Metzger $\frac{3}{4}$ kg Rindfleisch (100 g zu 1,20 €) und $\frac{1}{8}$ kg Schweinefleisch (100 g zu 0,80 €) ein. Wie viel muss sie insgesamt bezahlen?

$\frac{3}{4} \cdot 12\,€ + \frac{1}{8} \cdot 8\,€$

$= \frac{36}{4}\,€ + \frac{8}{8}\,€ = 9\,€ + 1\,€ = 10\,€$

Sie muss insgesamt 10 € bezahlen.

6 Martin hat insgesamt 1 200 € zur Verfügung. Sein Großvater stellt ihm dazu eine Rechenaufgabe: „Wenn du $\frac{1}{4}$ von dem Geld für einen Fernseher ausgibst, dir für $\frac{1}{20}$ neue CDs kaufst, $\frac{1}{5}$ für den Kauf von Kleidungsstücken verwendest, kannst du den Rest auf das Sparbuch einzahlen."
Wie viel Geld kann Martin auf das Sparbuch einzahlen?

$\frac{1}{4} \cdot 1200\,€ + \frac{1}{20} \cdot 1200\,€ + \frac{1}{5} \cdot 1200\,€$

$= 300\,€ + 60\,€ + 240\,€ = 600\,€$

$1200\,€ - 600\,€ = 600\,€$ $\quad$ *Er kann 600 € einzahlen.*

1 a) $\frac{2}{3} : 6 = \frac{2}{3} \cdot \frac{1}{6} = \frac{1}{9}$ $\quad$ b) $\frac{14}{9} : 7 = \frac{14}{9} \cdot \frac{1}{7} = \frac{2}{9}$

c) $\frac{30}{80} : 5 = \frac{30}{80} \cdot \frac{1}{5} = \frac{3}{40}$ $\quad$ d) $\frac{36}{54} : 9 = \frac{36}{54} \cdot \frac{1}{9} = \frac{2}{27}$

e) $\frac{4}{20} : 8 = \frac{4}{20} \cdot \frac{1}{8} = \frac{1}{40}$ $\quad$ f) $\frac{36}{6} : 6 = \frac{36}{6} \cdot \frac{1}{6} = 1$

g) $\frac{8}{40} : 4 = \frac{8}{40} \cdot \frac{1}{4} = \frac{1}{20}$ $\quad$ h) $\frac{27}{3} : 3 = \frac{27}{3} \cdot \frac{1}{3} = 3$

2 a) $2\frac{1}{4} : 9 = \frac{1}{4}$; $\frac{9}{4} \cdot \frac{1}{9} = \frac{1}{4}$ $\quad$ b) $3\frac{1}{8} : 5 = \frac{5}{8}$; $\frac{25}{8} \cdot \frac{1}{5} = \frac{5}{8}$ $\quad$ c) $6\frac{3}{5} : 11 = \frac{3}{5}$; $\frac{33}{5} \cdot \frac{1}{11} = \frac{3}{5}$

3 a) $\frac{3}{5} : \frac{1}{10} = \frac{3}{5} \cdot \frac{10}{1} = 6$ $\quad$ b) $\frac{2}{5} : \frac{9}{10} = \frac{2}{5} \cdot \frac{10}{9} = \frac{4}{9}$

c) $\frac{1}{4} : \frac{7}{8} = \frac{1}{4} \cdot \frac{8}{7} = \frac{2}{7}$ $\quad$ d) $\frac{3}{14} : \frac{2}{7} = \frac{3}{14} \cdot \frac{7}{2} = \frac{3}{4}$

4 a) $2\frac{1}{5} : \frac{1}{5} = \frac{11}{5} \cdot \frac{5}{1} = 11$ $\quad$ b) $2\frac{7}{9} : \frac{5}{6} = \frac{25}{9} \cdot \frac{6}{5} = \frac{10}{3}$

c) $3\frac{3}{4} : \frac{3}{4} = \frac{15}{4} \cdot \frac{4}{3} = 5$ $\quad$ d) $1\frac{1}{8} : \frac{3}{4} = \frac{9}{8} \cdot \frac{4}{3} = \frac{3}{2}$

5 Für einen Mamorkuchen benötigt man folgende Zutaten:

400 g Mehl, $\frac{1}{4}$ kg Zucker,
$\frac{1}{4}$ kg Butter, $\frac{1}{8}$ l Milch,
6 Eier (klein), 1 Backpulver,
1 Vanillezucker, 2 EL Kakao, 2 EL Rum

Frau Brunner hat jedoch nur eine Kuchenform für die Hälfte des Teiges. Wie viel benötigt sie von jeder Zutat?

Mehl: $400\,g \cdot \frac{1}{2} = 200\,g$

Zucker: $\frac{1}{4}\,kg \cdot \frac{1}{2} = \frac{1}{8}\,kg$

Butter: $\frac{1}{4}\,kg \cdot \frac{1}{2} = \frac{1}{8}\,kg$

Milch: $\frac{1}{8}\,l \cdot \frac{1}{2} = \frac{1}{16}\,l$

Eier: $6 \cdot \frac{1}{2} = 3$

Backpulver: 1 Packung $\cdot \frac{1}{2} = \frac{1}{2}$ Packung

Vanillezucker: 1 Packung $\cdot \frac{1}{2} = \frac{1}{2}$ Packung

Kakao/Rum: je 2 EL $\cdot \frac{1}{2} = 1$ EL

Selbsteinschätzung					
Ich kann ...	– –	–	+	+ +	Seite / Aufgabe
Bruchteile bei Flächen, Längen und Größen ermitteln.					2/1–2/7
Brüche erweitern und kürzen.					3/1–3/7
Brüche der Größe nach ordnen.					4/1–4/6
Brüche addieren und subtrahieren.					5/1–5/4
Brüche multiplizieren und dividieren.					6/1–6/6, 7/1–7/5

1 Benenne die Vierecke und zeichne gleich lange Seiten mit gleicher Farbe nach.
Trage auch mögliche Symmetrieachsen ein.

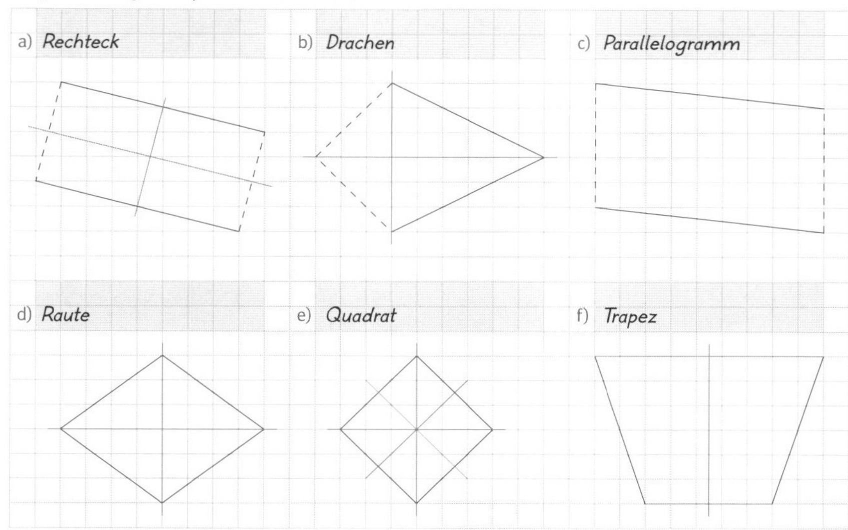

2 Ein Parallelogramm hat folgende Eckpunkte. Zeichne sie in das Koordinatensystem. Ergänze jeweils den fehlenden Eckpunkt und gib seine Koordinaten an.

a) A (2|1); B (4|3); C (4|9); D (*2* | *7*)

b) E (*8* | *0*); F (13|0); G (15|8); H (10|8)

c) K (10|2); L (12|4); M (*5* | *8*); N (3|6)

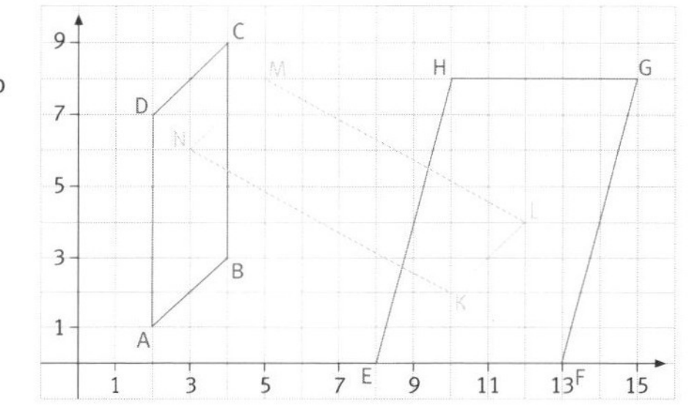

3 Zeichne die angegebenen Punkte in das Koordinatensystem. Ergänze jeweils zum vorgegebenen Viereck und gib die Koordinaten des fehlenden Eckpunktes an.

a) Raute:
A (0|4); B (2|0); C (4|4); D (*2* | *8*)

b) Drachen:
E (*8* | *5*); F (13|7); G (8|9); H (5|7)

c) Trapez (gleichschenklig):
K (10|2); L (14|0); M (*14* | *6*); N (10|4)

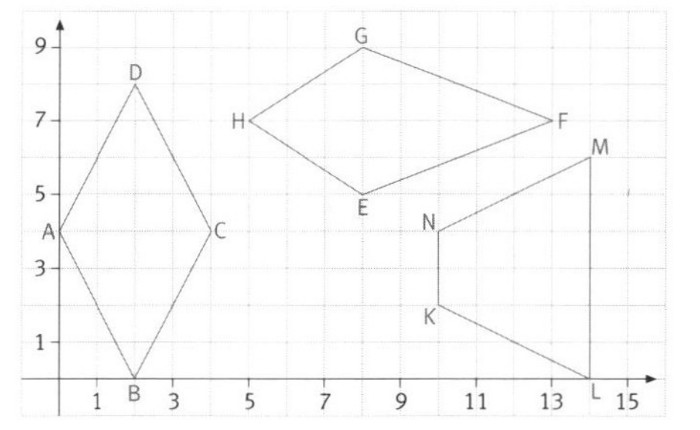

1 Hier sind die Diagonalen abgebildet. Ergänze jeweils die Vierecke und benenne sie.

a) *Trapez*

b) *Raute*

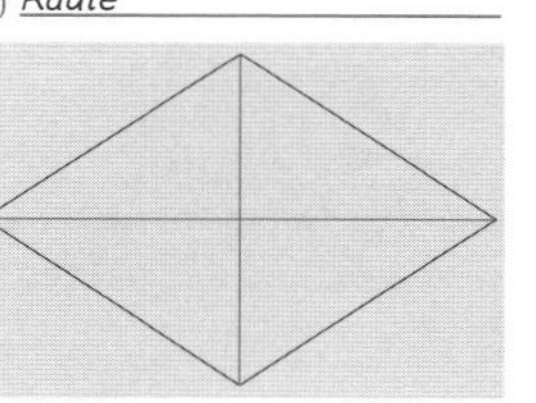

c) *Rechteck*

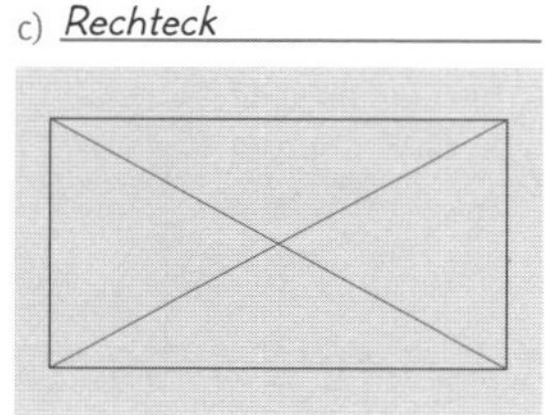

d) *Drachen*

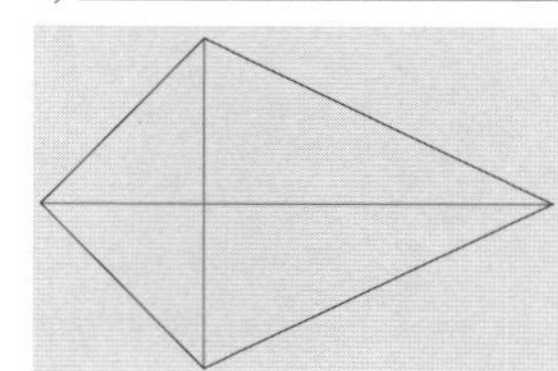

e) *Quadrat*

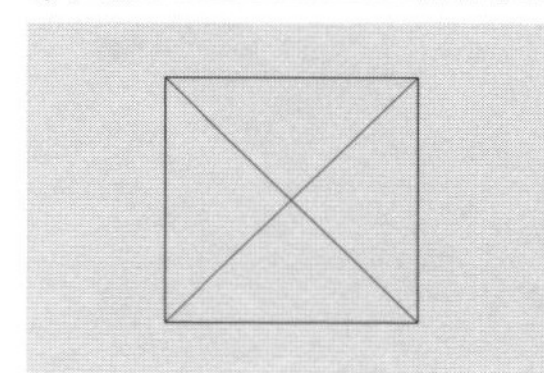

f) *Parallelogramm*

2 Benenne die beschriebenen Vierecke und ordne die abgebildeten Vierecke 1 bis 7 zu.

a) *Quadrat*	b) *Rechteck*	c) *Parallelogramm*
– 4 gleich lange Seiten – Je 2 gegenüberliegende Seiten sind parallel. – 4 rechte Winkel	– Je 2 gegenüberliegende Seiten sind gleich lang und parallel. – 4 rechte Winkel	– Je 2 gegenüberliegende Seiten sind gleich lang und parallel. – Je 2 gegenüberliegende Winkel sind gleich groß.
3, 5	*2, 3, 5, 7*	*1, 2, 3, 4, 5, 6, 7*

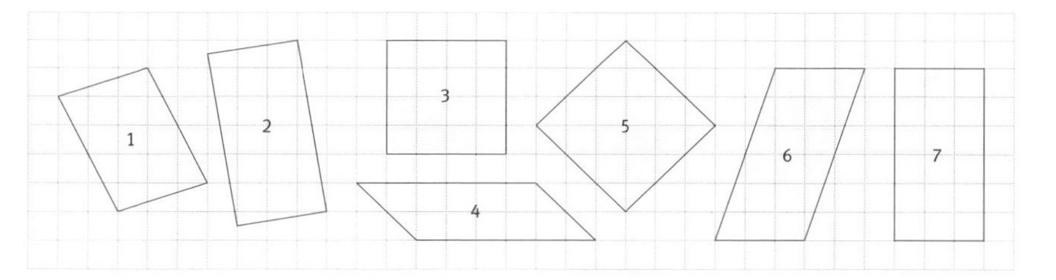

3 Aus welchen Formen besteht das Muster? Setze es fort und male es farbig aus.

Quadrate
Rechtecke
Trapeze
Parallelogramme

1 Ergänze zum Rechteck oder Quadrat und gib jeweils die Koordinaten der Eckpunkte an.

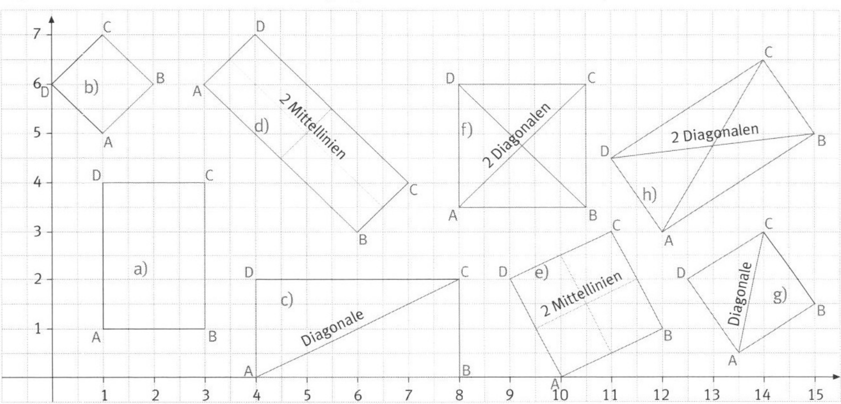

a) A (1|1); B (3|1); C (*3* | *4*); D (1|4)

b) A (1|5); B (*2* | *6*); C (1|7); D (*0* | *6*)

c) A (4|0); B (*8* | *0*); C (*8* | *2*); D (*4* | *2*)

d) A (*3* | *6*); B *(6|3); C (7|4); D (4|7)*

e) *A (10|0); B (12|1); C (11|3); D (9|2)*

f) *A (8|3,5); B (10,5|3,5); C (10,5|6); D (8|6)*

g) *A (13,5|0,5); B (15|1,5); C (14|3); D (12,5|2)*

h) *A (12|3); B (15|5); C (14|6,5); D (11|4,5)*

2 Zeichne

a) ein Quadrat mit einer Diagonalenlänge von 4 cm.

b) ein Rechteck (a = 4 cm; b = 3 cm) und gib die Länge der Diagonalen an.

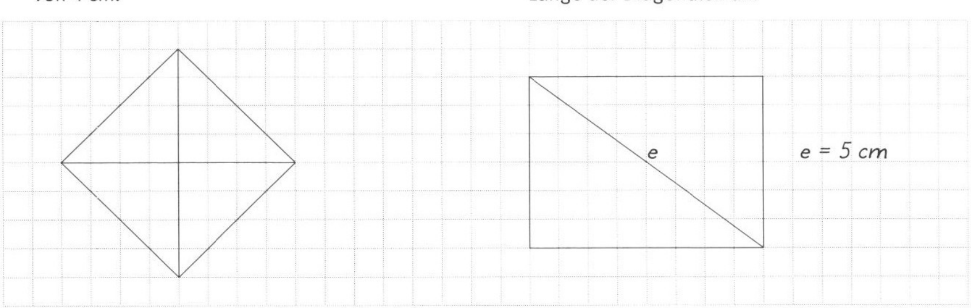

3 Wie viele Vierecke erkennst du jeweils?

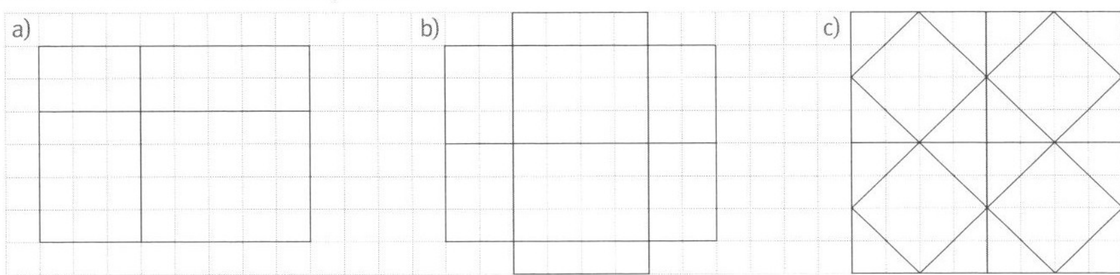

a) Rechtecke: *9* Quadrate: *0*

b) Rechtecke: *25* Quadrate: *2*

c) Rechtecke: *20* Quadrate: *10*

1 Zeichne Kreise mit

a) dem Radius r = 1 cm (1,5 cm; 3 cm) um den gemeinsamen Mittelpunkt M.

b) dem Durchmesser d = 2 cm (4 cm; 5 cm) um den gemeinsamen Mittelpunkt P.

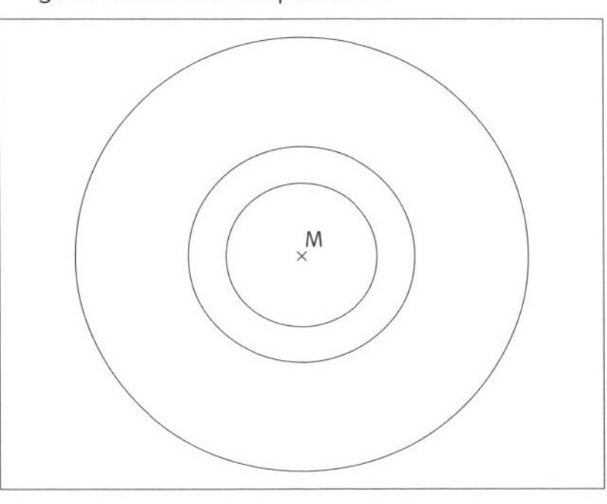

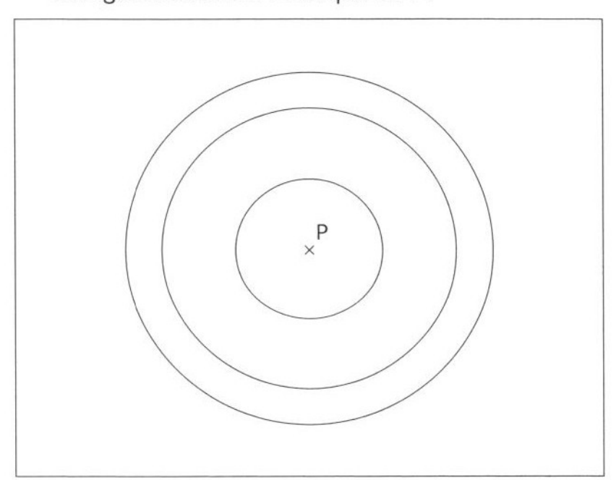

2 Bestimme die fehlenden Werte.

	a)	b)	c)	d)	e)	f)	g)
Durchmesser d	18 cm	*18 m*	*7,5 m*	*318 cm*	2,3 km	0,65 m	*0,10 m*
Radius r	*9 cm*	9 m	3,75 m	159 cm	*1,15 km*	*0,325 m*	0,05 m

3 Wiederhole jeweils das Kreismuster.

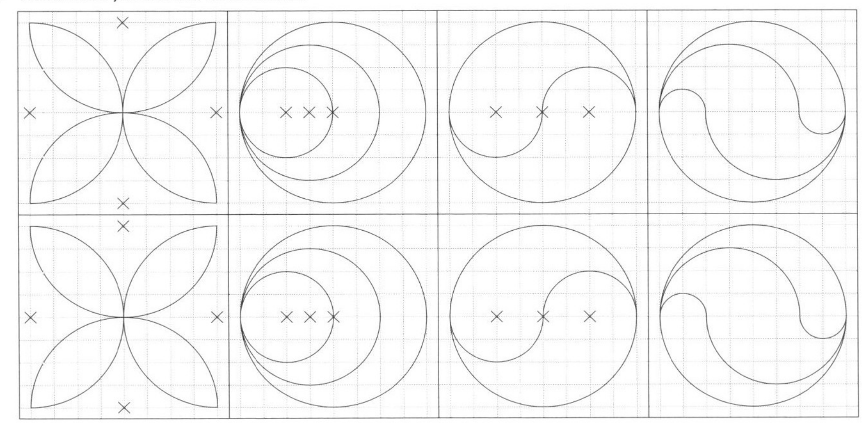

4 Setze das Kreismuster fort.

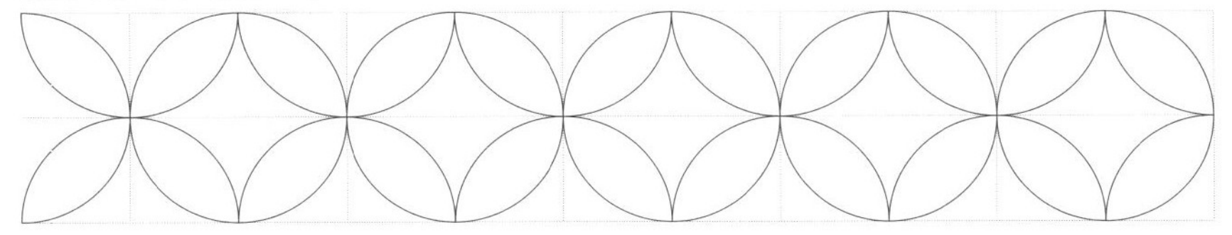

1 Verschiebe die Figuren wie angegeben.

a)

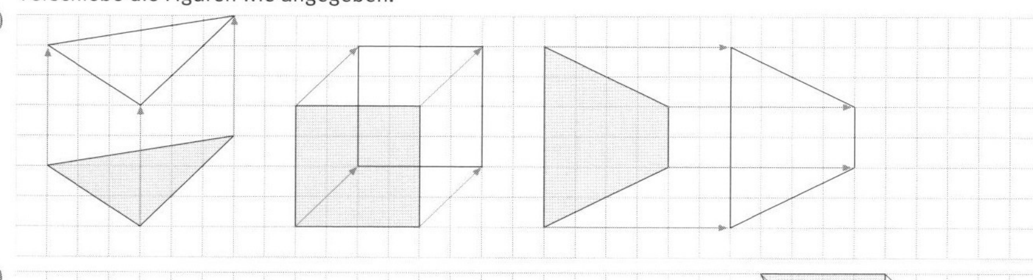

b)

2 a) Verschiebe das Rechteck 5 Kästchen nach rechts und 2 nach oben.
Gib die Koordinaten der Bildpunkte an.

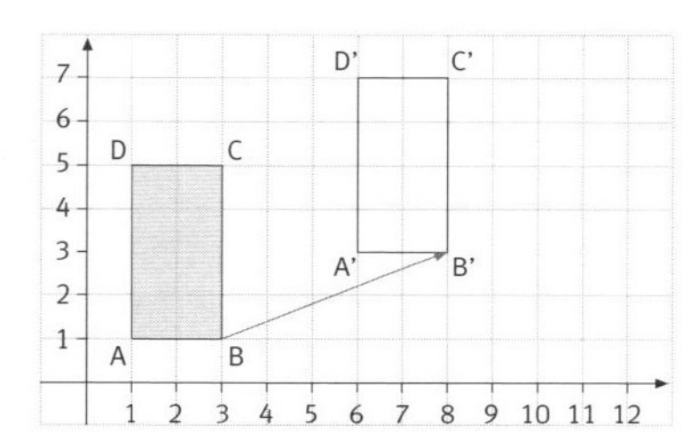

A' (6 | 3); B' (8|3); C' (8|7); D' (6|7)

b) Das Bildviereck ist um 5 Kästchen nach rechts und 3 nach oben verschoben worden. Zeichne das Ausgangsviereck und gib die Koordinaten der Eckpunkte an.

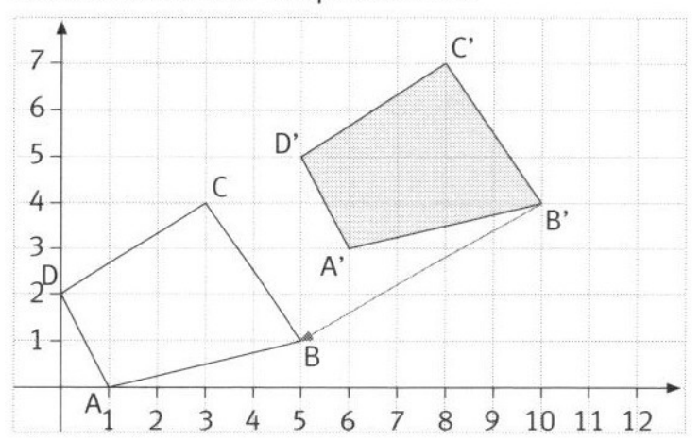

A (1 | 0); B (5|1); C (3|4); D (0|2)

3 Aus welcher Figur kann eine andere durch Verschiebung entstanden sein? Färbe mit gleicher Farbe.

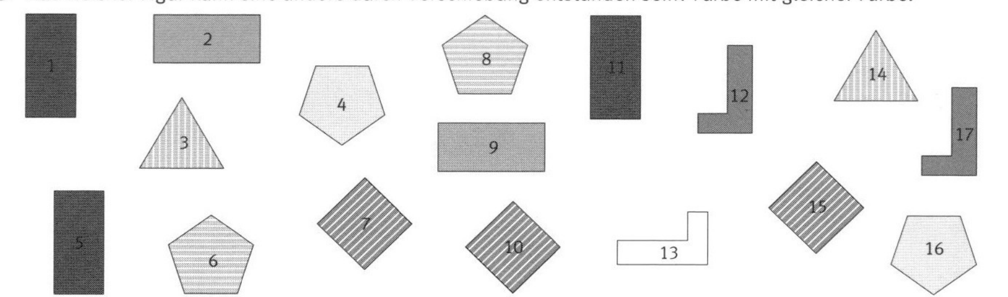

1 Drehe die Figur jeweils um eine Halbdrehung. Welche Figur entsteht?

a)

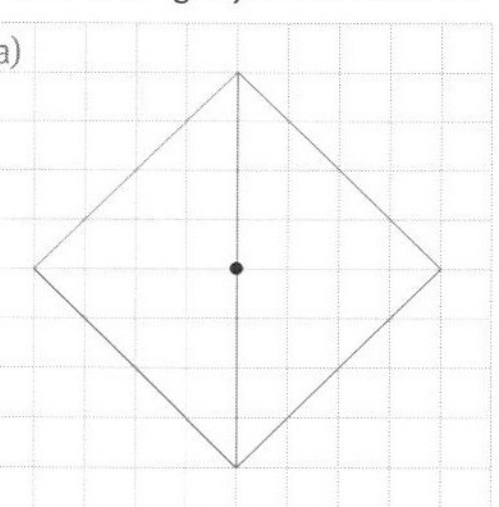

Quadrat

b)

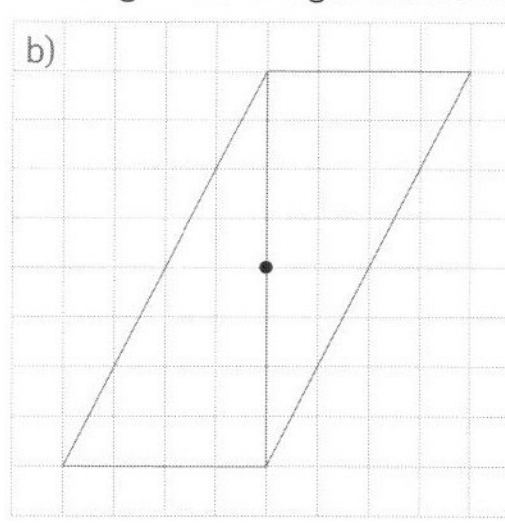

Parallelogramm

c)

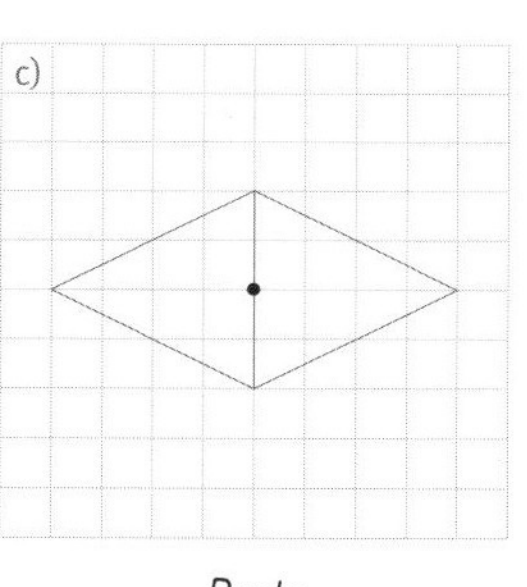

Raute

2 Welche Drehung muss mindestens ausgeführt werden, damit die Figur mit sich selbst zur Deckung kommt?

a)

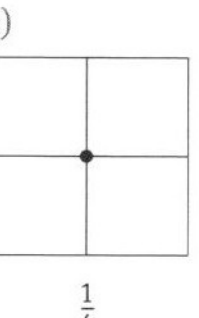

$\frac{1}{4}$

b) $\frac{1}{3}$

c) $\frac{1}{8}$

d)

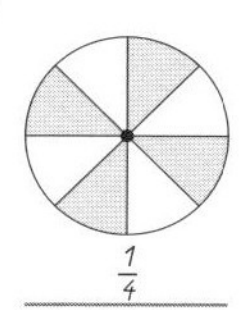

$\frac{1}{4}$

e) $\frac{1}{3}$

f)

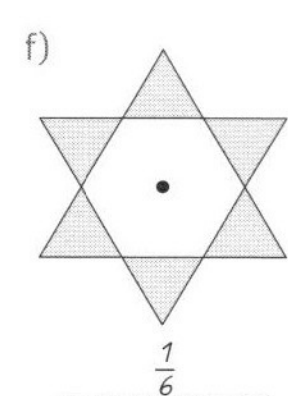

$\frac{1}{6}$

g)

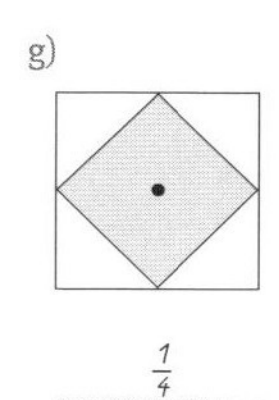

$\frac{1}{4}$

h)

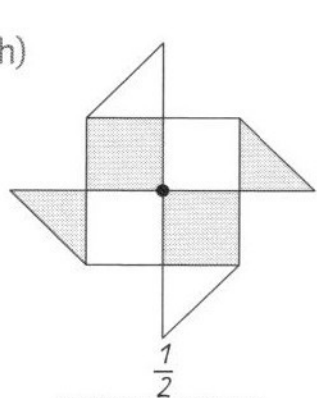

$\frac{1}{2}$

3 Drehe die Figur jeweils um eine Halbdrehung und ergänze.

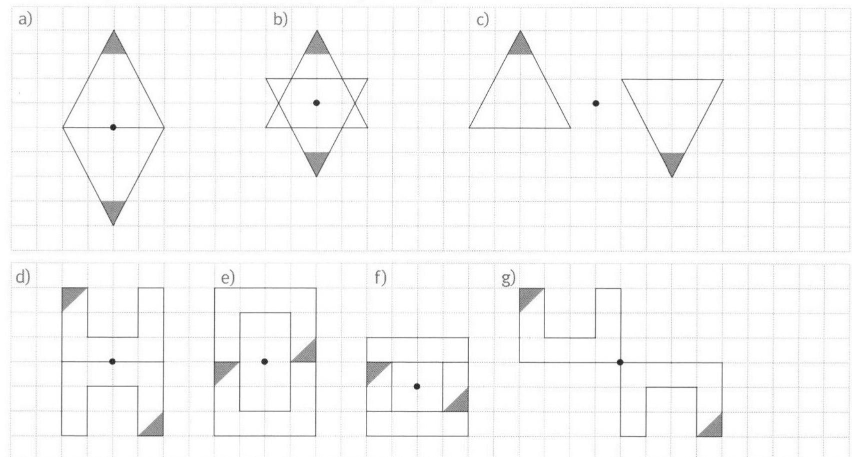

1 Welche Figuren entstehen durch eine Halbdrehung? Zeichne.

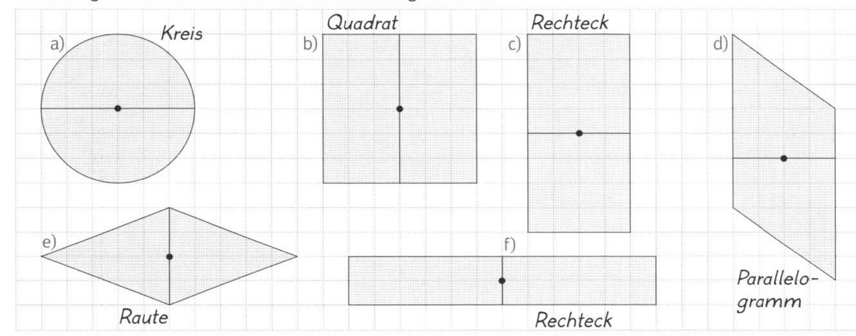

2 Ergänze die Figuren so, dass sie durch Halbdrehung mit sich selbst zur Deckung kommen.

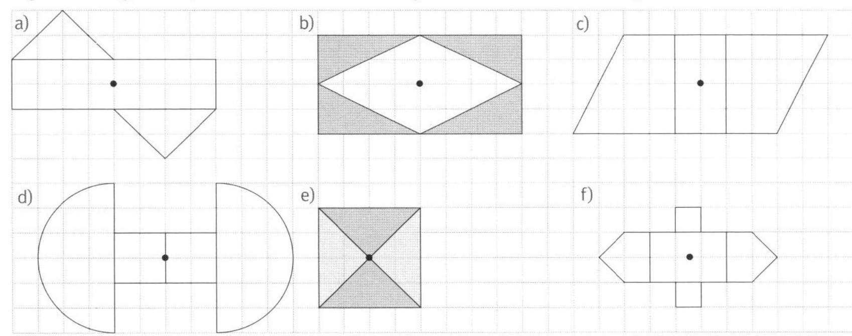

3 Drehe die Figuren jeweils um eine Viertel-, Halb- und Dreivierteldrehung.

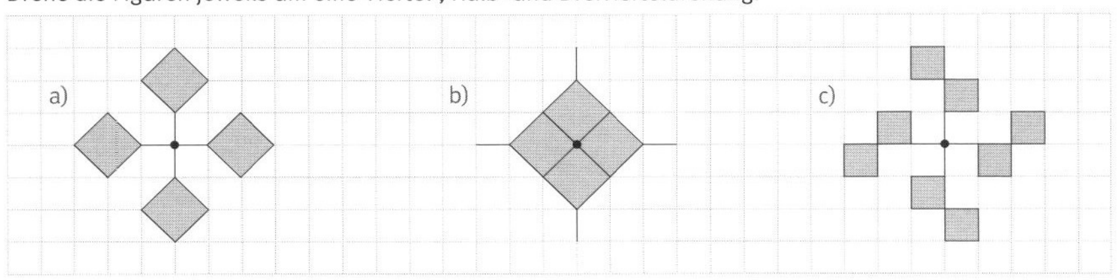

4 Ergänze die Figuren so, dass sie durch Halbdrehung mit sich selbst zur Deckung kommen.

a)

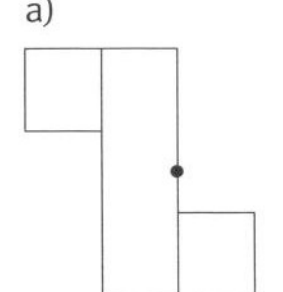

b)

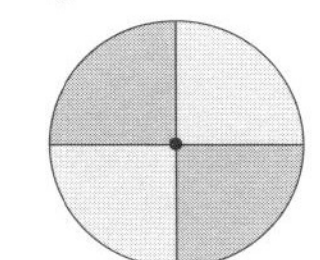

c)

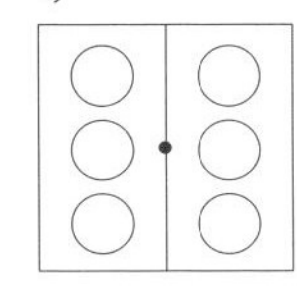

d)

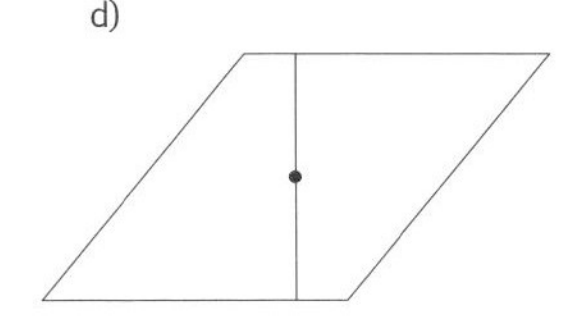

1 Zeichne den Drehpunkt und einen möglichen Drehwinkel ein, wenn die Figur drehsymmetrisch ist.

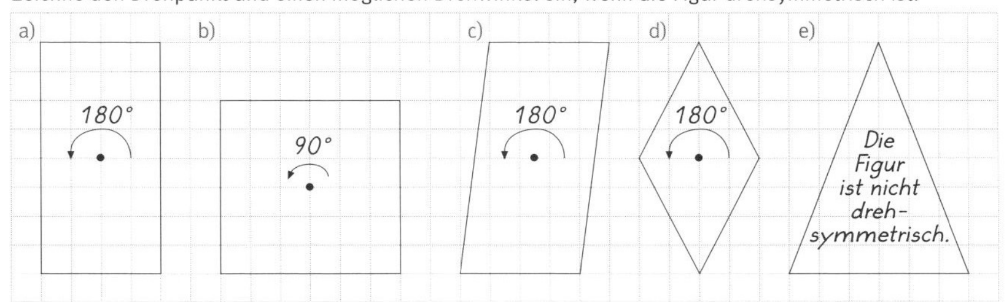

2 Zeichne durch Verschiebung 3-D-Buchstaben.

3 Drehe die Figuren jeweils um eine Viertel-, Halb- und Dreivierteldrehung.

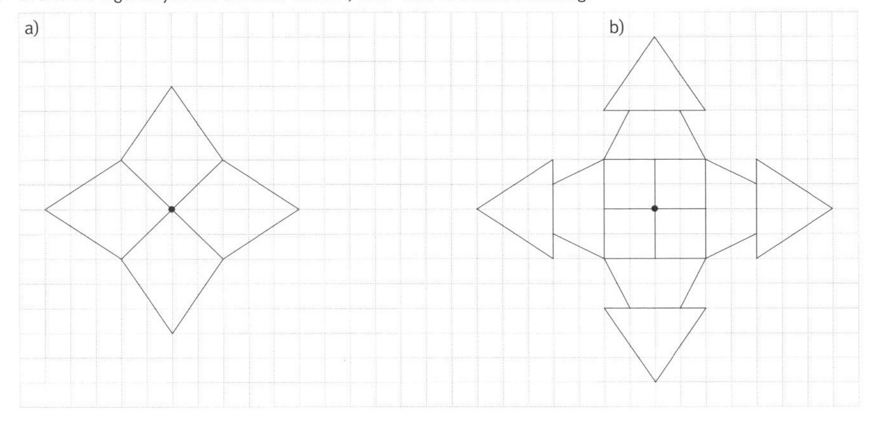

1 Miss die Winkel und gib deren Größe sowie die Art des Winkels an.

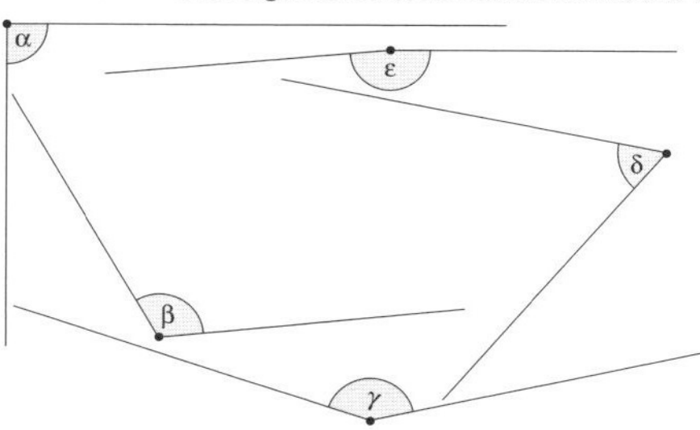

Winkelgröße	Art des Winkels
α = 90°	rechter Winkel
β = 115°	stumpfer Winkel
γ = 150°	stumpfer Winkel
δ = 60°	spitzer Winkel
ε = 175°	stumpfer Winkel

2 a) Miss die Winkel und addiere sie.

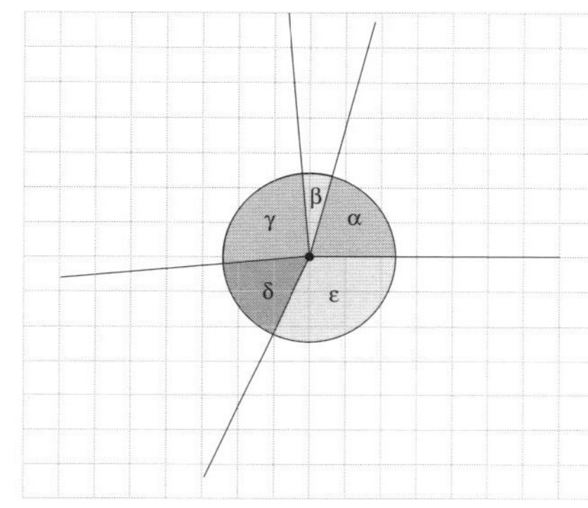

α = 75°	δ = 60°
β = 20°	ε = 115°
γ = 90°	
Winkelsumme:	360°

b) Zeichne die Winkel ebenso aneinander.

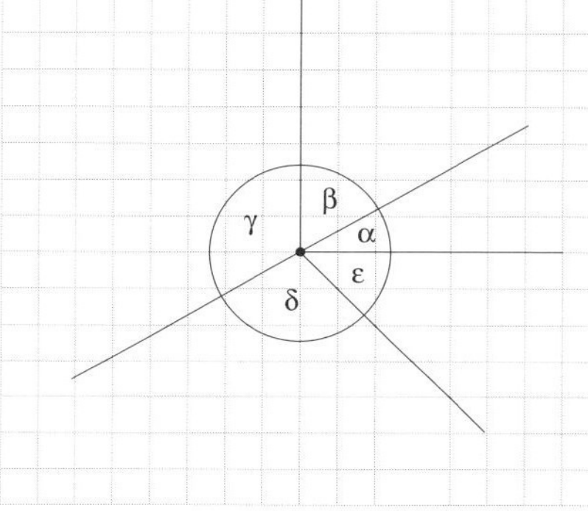

α = 30°	δ = 105°
β = 60°	ε = 45°
γ = 120°	
Winkelsumme:	360°

3 Miss alle 15 Winkel und notiere sie in der Tabelle.

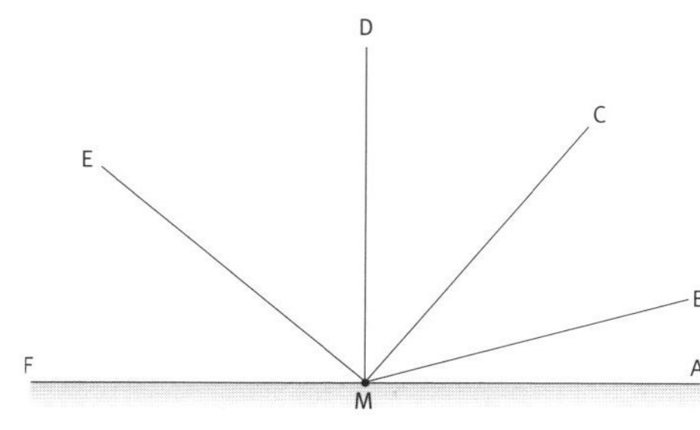

15°	35°	90°
50°	75°	130°
90°	125°	50°
140°	165°	90°
180°	40°	40°

Winkel messen und zeichnen

1 Wie groß sind jeweils die Winkel?

a) 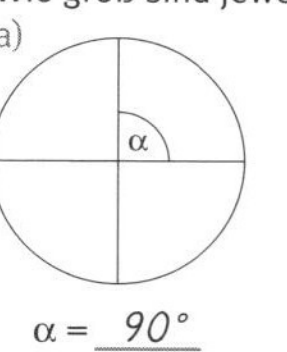 α = 90°

b) 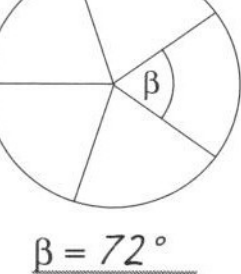 β = 72°

c)  γ = 120°

d) 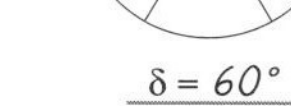 δ = 60°

e) 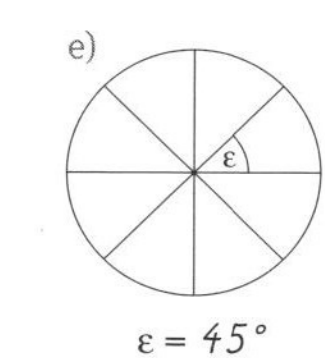 ε = 45°

2 Schätze zuerst die Größe der Winkel und miss dann mit dem Geodreieck nach.

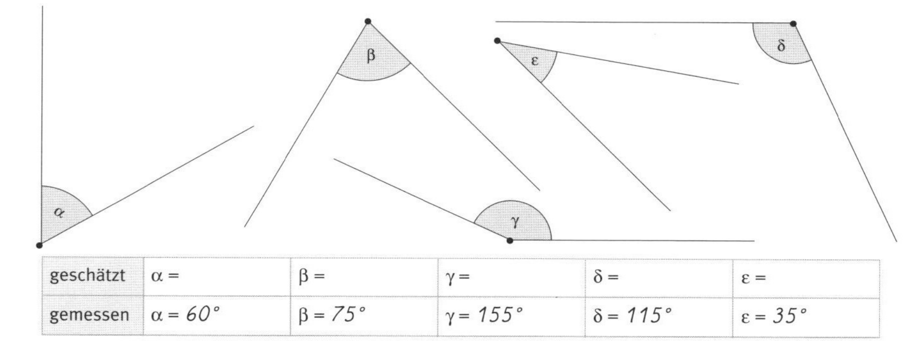

geschätzt	α =	β =	γ =	δ =	ε =
gemessen	α = 60°	β = 75°	γ = 155°	δ = 115°	ε = 35°

3 Wie groß ist der Winkel zwischen den Zeigern? Notiere jeweils die Gradzahl und die Winkelart.

a) 90°, rechter

b) 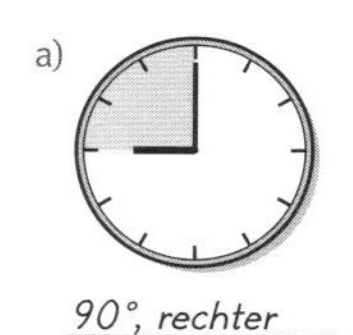 60°, spitzer

c) 120°, stumpfer

d) 180°, gestreckter

e) 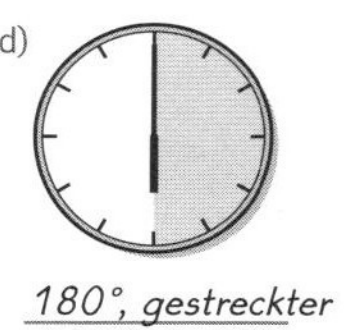 75°, spitzer

4 Max zeichnet ein Quadrat. Er zeichnet auch beide Diagonalen ein. Er behauptet: „In meinem Quadrat gibt es nur zwei verschiedene Winkel." Warum hat Max Recht?

Die Figur besteht dann aus 4 gleichen Dreiecken. Jedes hat zwei 45°- und einen 90°-Winkel.

Selbsteinschätzung					
Ich kann ...	– –	–	+	+ +	Seite / Aufgabe
Vierecke benennen und zeichnen.					8/1–8/3, 9/1–9/3
bei Rechteck und Quadrat die Diagonalen bzw. Mittellinien benennen und einzeichnen.					10/1–10/3
Kreise und Kreismuster zeichnen.					11/1–11/4
Figuren nach Vorschrift verschieben bzw. drehen.					12/1–12/3, 13/1–13/3, 14/1–14/4, 15/1–15/3
Winkel messen und zeichnen.					16/1–16/3, 17/1–17/4

Dezimalbrüche in der Stellenwerttafel darstellen

1 Trage folgende Dezimalzahlen in die Stellenwerttafeln ein.

a) 2,02 2,002 20,02

H	Z	E	z	h	t	zt
		2	*0*	*2*		
		2	*0*	*0*	*2*	
	2	*0*	*0*	*2*		

b) 5,505 5,0055 50,055

H	Z	E	z	h	t	zt
		5	*5*	*0*	*5*	
		5	*0*	*0*	*5*	*5*
	5	*0*	*0*	*5*	*5*	

c) 131,031 11,3311 1,3113

H	Z	E	z	h	t	zt
1	*3*	*1*	*0*	*3*	*1*	
	1	*1*	*3*	*3*	*1*	*1*
		1	*3*	*1*	*1*	*3*

d) 608,873 60,0878 6,876

H	Z	E	z	h	t	zt
6	*0*	*8*	*8*	*7*	*3*	
	6	*0*	*0*	*8*	*7*	*8*
		6	*8*	*7*	*6*	

2 Notiere als Dezimalzahl.

H	Z	E	z	h	t	zt	
	7	0	3	1	6	0	*70,316(0)*
1	3	0	0	3	4	0	*130,034(0)*
		3	5	6	0	1	*3,5601*
			1	0	3	7	*0,1037*

3 Ist die dezimale Schreibweise richtig? Überprüfe.

H	Z	E	z	h	t	zt
1	3	5	2	8	0	4
	3	6	7	9	1	0
			5	2	8	0
	9	2	3	4	7	1
		3	9	5	0	2
7	4	0	0	3	4	6

Dezimalzahl	richtig	falsch
135,2804	(G)	S
36,791	(E)	U
5,28	P	(N)
92,3471	(I)	E
39,502	R	(A)
74,00346	A	(L)

Lösung
G
E
N
I
A
L

4 <, > oder =?

a) 0,1 l (=) 100 ml
1,15 l (>) 1100 ml
0,75 l (<) 800 ml

b) 15 cm (>) 0,15 dm
31 mm (=) 0,031 m
0,613 km (<) 6131 m

c) 100 g (>) 0,01 kg
2800 mg (=) 2,8 g
4735 mg (<) 47,35 g

5 Welche Nullen darf man bei einer Zahl weglassen, ohne dass sich der Wert der Zahl ändert? Formuliere eine Regel.

Bei Dezimalbrüchen darf man die Endnullen weglassen. Beispiel: 4,50 = 4,5

Dezimalbrüche vergleichen und ordnen

1 Ordne der Größe nach.

a)	3,87		3,78		3,873		3,738		3,878
	3,878	>	*3,873*	>	*3,87*	>	*3,78*	>	*3,738*
b)	4,61		4,16		4,611		4,011		4,016
	4,611	>	*4,61*	>	*4,16*	>	*4,016*	>	*4,011*
c)	0,201		0,210		0,221		0,2001		0,2012
	0,221	>	*0,210*	>	*0,2012*	>	*2,201*	>	*0,2001*
d)	0,987		0,9872		0,9887		0,9782		0,9787
	0,9887	>	*0,9872*	>	*0,987*	>	*0,9787*	>	*0,9782*
e)	1,5341		1,5431		1,5314		1,4531		1,5413
	1,5431	>	*1,5413*	>	*1,5341*	>	*1,5314*	>	*1,4531*

2 Wandle in die größte angegebene Maßeinheit um und ordne dann der Größe nach.

a)	0,718 km		781,6 dm		718,9 m		7188,5 cm		788,17 m
	0,718 km		*0,07816 km*		*0,7189 km*		*0,071885 km*		*0,78817 km*
	0,071885 km	<	*0,07816 km*	<	*0,718 km*	<	*0,7189 km*	<	*0,78817 km*
b)	57,804 kg		58704 g		0,0548 t		5847,0 mg		5748,04 g
	0,057804 t		*0,058704 t*		*0,0548 t*		*0,000005847 t*		*0,00574804 t*
	0,000005847 t	<	*0,00574804 t*	<	*0,0548 t*	<	*0,057804 t*	<	*0,058704 t*
c)	0,37 €		397 Ct		3,79 €		793 Ct		937 Ct
	0,37 €		*3,97 €*		*3,79 €*		*7,93 €*		*9,37 €*
	0,37 €	<	*3,79 €*	<	*3,97 €*	<	*7,93 €*	<	*9,37 €*

3 Ordne die Dezimalbrüche zu.

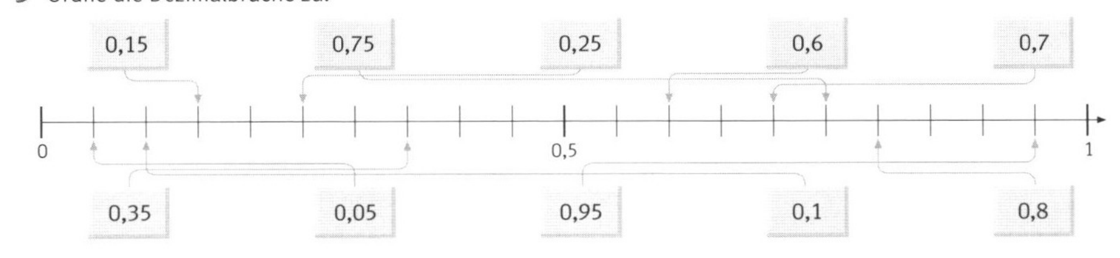

4 Welche Dezimalbrüche sind markiert?

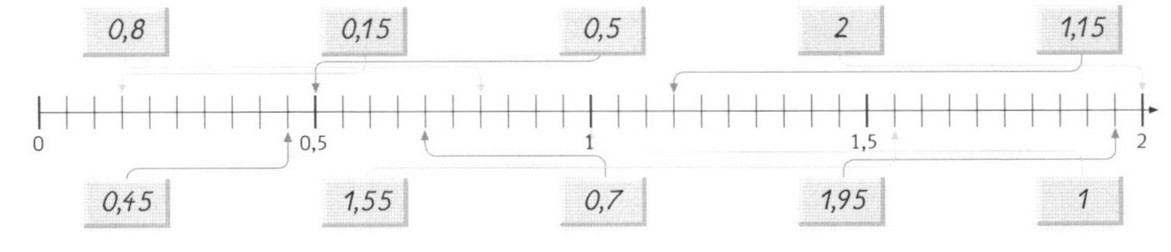

1 Runde auf Zehntel.

a) 4,28 ≈ 4,3
3,79 ≈ 3,8
2,16 ≈ 2,2
11,03 ≈ 11,0
17,05 ≈ 17,1

b) 7,193 ≈ 7,2
16,039 ≈ 16,0
0,173 ≈ 0,2
0,155 ≈ 0,2
4,009 ≈ 4,0

c) 15,011 ≈ 15,0
15,091 ≈ 15,1
18,993 ≈ 19,0
29,999 ≈ 30,0
300,004 ≈ 300,0

2 Runde auf Hundertstel.

a) 3,445 ≈ 3,45
7,089 ≈ 7,09
6,381 ≈ 6,38
4,275 ≈ 4,28
16,053 ≈ 16,05

b) 0,7099 ≈ 0,71
0,4724 ≈ 0,47
1,4792 ≈ 1,48
6,9939 ≈ 6,99
2,8341 ≈ 2,83

c) 224,9941 ≈ 224,99
24,8671 ≈ 24,87
35,0807 ≈ 35,08
7,4862 ≈ 7,49
9,9959 ≈ 10,00

3 Runde auf Tausendstel.

a) 1,5833 ≈ 1,583
4,6829 ≈ 4,683
7,3981 ≈ 7,398
5,3909 ≈ 5,391
69,2651 ≈ 69,265

b) 3,0909 ≈ 3,091
66,0926 ≈ 66,093
5,7027 ≈ 5,703
22,4085 ≈ 22,409
8,3099 ≈ 8,310

c) 0,9959 ≈ 0,996
3,5892 ≈ 3,589
4,9966 ≈ 4,997
0,1423 ≈ 0,142
0,5842 ≈ 0,584

4 Wurde auf- oder abgerundet? Kreuze an.

	4,73 ≈ 4,7	2,65 ≈ 2,7	8,89 ≈ 8,9	1,004 ≈ 1	0,03054 ≈ 0,031
aufgerundet		X	X		X
abgerundet	X			X	

5 Finde Dezimalbrüche mit drei Stellen nach dem Komma, die gerundet die angegebene Zahl ergeben.

3,01	7,58	0,95	100,99
3,005; 3,006; 3,007;	7,575; 7,576; 7,577;	0,945; 0,946; 0,947;	100,985; 100,986; 100,987;
3,008; 3,009	7,578; 7,579	0,948; 0,949	100,988; 100,989
3,011; 3,012;	7,581; 7,582;	0,951; 0,952;	100,991; 100,992;
3,013; 3,014	7,583; 7,584	0,953; 0,954	100,993; 100,994

6 Hier wurde gerundet. Wie viel könnte es mindestens, wie viel höchstens sein?

a) Ich gehe etwa 1,3 km zur Schule. mindestens 1,25 km, höchstens 1,34 km

b) Den 50-m-Lauf schaffe ich in 8,2 s. mindestens 8,15 s, höchstens 8,24 s

c) Es waren ungefähr 300 Menschen anwesend. mindestens 250 Menschen, höchstens 349

1 Schreibe als Dezimalbruch.

a)	$\frac{7}{10}$	0,7	$2\frac{3}{10}$	2,3	$\frac{41}{10}$	4,1	$\frac{101}{10}$	10,1
b)	$\frac{2}{100}$	0,02	$\frac{308}{100}$	3,08	$5\frac{17}{100}$	5,17	$\frac{1413}{100}$	14,13
c)	$\frac{9}{1000}$	0,009	$\frac{510}{1000}$	0,51(0)	$\frac{6305}{1000}$	6,305	$9\frac{49}{1000}$	9,049
d)	$\frac{21}{10}$	2,1	$4\frac{11}{100}$	4,11	$2\frac{2}{1000}$	2,002	$3\frac{999}{1000}$	3,999

2 Schreibe als Bruch bzw. gemischte Zahl und kürze falls möglich.

a)	0,1	$\frac{1}{10}$	0,5	$\frac{5}{10} = \frac{1}{2}$	0,7	$\frac{7}{10}$
b)	0,36	$\frac{36}{100} = \frac{9}{25}$	0,49	$\frac{49}{100}$	0,82	$\frac{82}{100} = \frac{41}{50}$
c)	3,14	$\frac{314}{100} = 3\frac{7}{50}$	2,09	$\frac{209}{100} = 2\frac{9}{100}$	8,75	$\frac{875}{100} = 8\frac{3}{4}$
d)	7,001	$\frac{7001}{1000} = 7\frac{1}{1000}$	16,092	$\frac{16092}{1000} = 16\frac{23}{250}$	10,009	$\frac{10009}{1000} = 10\frac{9}{1000}$

3 Erweitere die Brüche auf den Nenner 10, 100 oder 1000 und schreibe sie dann als Dezimalbruch.

a)	$\frac{3}{5}$	$\frac{6}{10}$	0,6	$\frac{4}{5}$	$\frac{8}{10}$	0,8	$\frac{1}{4}$	$\frac{25}{100}$	0,25
b)	$\frac{9}{20}$	$\frac{45}{100}$	0,45	$\frac{12}{20}$	$\frac{60}{100}$	0,60	$\frac{21}{20}$	$\frac{105}{100}$	1,05
c)	$\frac{17}{40}$	$\frac{425}{1000}$	0,425	$\frac{3}{40}$	$\frac{75}{1000}$	0,075	$\frac{54}{40}$	$\frac{1350}{1000}$	1,350
d)	$\frac{4}{50}$	$\frac{8}{100}$	0,08	$\frac{44}{50}$	$\frac{88}{100}$	0,88	$\frac{64}{50}$	$\frac{128}{100}$	1,28

4 Bringe die Brüche zuerst auf den Nenner 10, 100 oder 1000 und schreibe sie dann als Dezimalbruch.

a)	$\frac{9}{30}$	$\frac{3}{10}$	0,3	$\frac{16}{40}$	$\frac{4}{10}$	0,4	$\frac{21}{70}$	$\frac{3}{10}$	0,3
b)	$\frac{150}{2500}$	$\frac{6}{100}$	0,06	$\frac{48}{2400}$	$\frac{2}{100}$	0,02	$\frac{180}{1200}$	$\frac{15}{100}$	0,15
c)	$\frac{15}{100}$	$\frac{15}{100}$	0,15	$\frac{999}{1000}$	$\frac{999}{1000}$	0,999	$\frac{1800}{2000}$	$\frac{9}{10}$	0,9

5 a) Schreibe als Divisionsaufgabe, dann rechne aus.

$\frac{3}{4}$ = 3 : 4 = 0,75

$\frac{2}{5}$ = 2 : 5 = 0,4

$\frac{3}{8}$ = 3 : 8 = 0,375

$\frac{3}{15}$ = 3 : 15 = 0,2

b) Brich die Rechnung nach vier Stellen nach dem Komma ab, dann runde auf die dritte Stelle.

$\frac{2}{3}$ = 2 : 3 = 0,6666 ≈ 0,667

$\frac{4}{9}$ = 4 : 9 = 0,4444 ≈ 0,444

$\frac{1}{6}$ = 1 : 6 = 0,1666 ≈ 0,167

$\frac{2}{7}$ = 2 : 7 = 0,2857 ≈ 0,286

Dezimalbrüche addieren und subtrahieren

1 Addiere folgende Dezimalzahlen.

a) 0,3 + 4,4 = *4,7*
b) 0,54 + 0,32 = *0,86*
c) 11,42 + 17,26 = *28,68*
d) 12,038 + 13,961 = *25,999*
e) 119,756 + 43,102 = *162,858*

2 Subtrahiere folgende Dezimalbrüche.

a) 3,985 − 0,751 = *3,234*
b) 64,189 − 17,462 = *46,727*
c) 8,0061 − 7,9903 = *0,0158*
d) 53,7611 − 4,9523 = *48,8088*

3 Vervollständige die Rechentreppen.

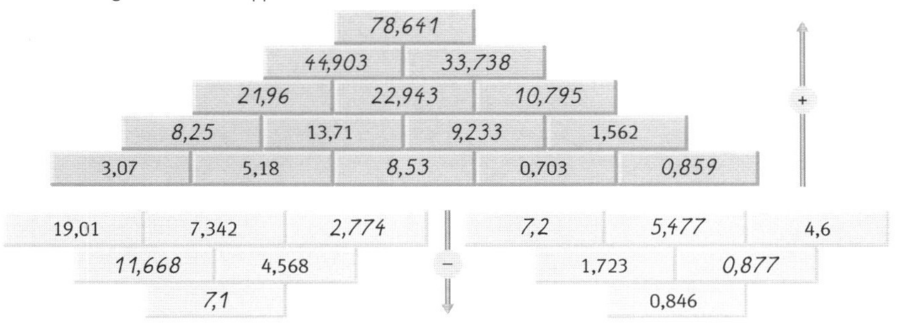

4 Welcher Ballon passt zu welchem Ergebnis? Verbinde.

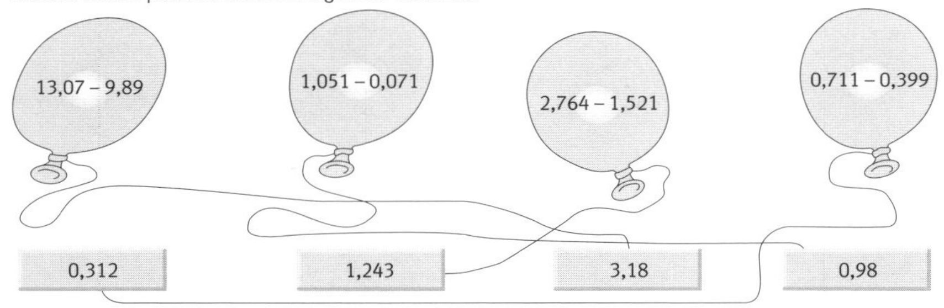

5 Richtig (r) oder falsch (f)? Korrigiere die Fehler.

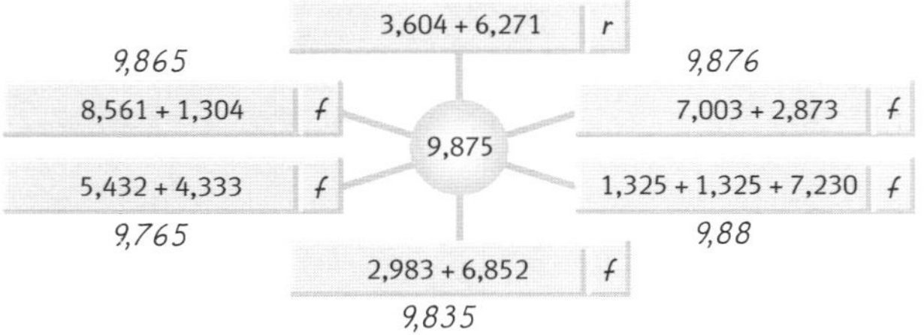

6 Wandle in die größte angegebene Mengeneinheit um und addiere bzw. subtrahiere schriftlich.

a) 0,37 m + 629 mm = *0,999 m*
b) 700,43 g + 6,251 kg = *6,95143 kg*

Dezimalbrüche multiplizieren

1 Multipliziere folgende Dezimalbrüche mit 10, 100, 1000 und 10000:

	· 10	· 100	· 1000	· 10000
1,42	*14,2*	*142*	*1420*	*14200*
0,67	*6,7*	*67*	*670*	*6700*
0,08	*0,8*	*8*	*80*	*800*

2

a) 3,51 · 6 = *21,06*
b) 0,98 · 7 = *6,86*
c) 4,62 · 3 = *13,86*
d) 12,05 · 4 = *48,2(0)*
e) 3,72 · 4,5: *1488; 1860; 16,74(0)*
f) 0,7 · 6,32: *42; 21; 14; 4,424*
g) 48,8 · 2,96: *976; 4392; 2928; 144,448*
h) 1,05 · 0,34: *000; 315; 420; 0,357(0)*

3 Berechne zuerst und setze dann die Zeichen <, > oder =.

a) 7,03 · 14,1: *703; 2812; 703; 99,123* *>* 0,703 · 10,4: *703; 000; 2812; 7,3112*
b) 20,8 · 0,59: *0000; 1040; 1872; 12,272* *<* 20,86 · 5,9: *10430; 18774; 123,074*
c) 1,56 · 0,15: *000; 156; 780; 0,234(0)* *=* 0,156 · 1,50: *0156; 780; 000; 0,234(00)*
d) 15,6 · 0,11: *000; 156; 156; 1,716* *<* 1,56 · 1,11: *156; 156; 156; 1,7316*

4 Ein Liter Diesel kostet an Tankstelle A 107,9 Ct. Tankstelle B verlangt nur 106,9 Ct.
a) Wie viel muss Herr Mayer jeweils bezahlen, wenn er 64,3 l tankt?
b) Wie hoch ist die Ersparnis?

107,9 · 64,3: 6474; 4316; 3237; 6937,97 ≈ 69,38 €
106,9 · 64,3: 6414; 4276; 3207; 6873,67 ≈ 68,74 €
Ersparnis: 0,64 €

5 Finde die Fehler und löse dann richtig.

a) *2,04 · 1,07: 204; 000; 1421; 3461* — 2,04 · 1,07: *204; 000; 1428; 2,1828*
b) *0,39 · 4,18: 156; 39; 312; 507* — 0,39 · 4,18: *156; 39; 312; 1,6302*

1 Dividiere folgende Dezimalbrüche.

a)
```
  3 6 1,4 : 1 3 = 2 7,8
- 2 6
  1 0 1
- 9 1
    1 0 4
  - 1 0 4
        0
```

b)
```
  5 1 0,3 : 9 = 5 6,7
- 4 5
    6 0
  - 5 4
      6 3
    - 6 3
        0
```

c)
```
  2,7 5 : 1,2 5 =
  2 7 5 : 1 2 5 = 2,2
- 2 5 0
    2 5 0
  - 2 5 0
        0
```

d)
```
  1 7,1 : 0,2 5 =
  1 7 1 0 : 2 5 = 6 8,4
- 1 5 0
    2 1 0
  - 2 0 0
      1 0 0
      1 0 0
          0
```

2 a) Dividiere die Zahl 1,29 durch 0,6.

```
  1,2 9 : 0,6 =

  1 2,9 : 6 = 2,1 5
- 1 2
  0 9
  - 6
    3 0
  - 3 0
      0
```

b) Dividiere die Zahl 90,6 durch 0,4.

```
  9 0,6 : 0,4 =
  9 0 6 : 4 = 2 2 6,5
- 8
  1 0
  - 8
    2 6
  - 2 4
      2 0
      2 0
        0
```

3 a) Welche Zahl musst du durch 5,1 teilen, damit du 2,5 erhältst?

```
5,1 · 2,5
  1 0 2
    2 5 5
  1 2,7 5
```

b) Welche Zahl musst du mit 2,7 multiplizieren, damit du 26,46 erhältst?

```
  2 6,4 6 : 2,7
    2 6 4,6 : 2 7 = 9,8
- 2 4 3
    2 1 6
  - 2 1 6
        0
```

4 Herr Schubert kommt mit einer Tankfüllung (49 l) 700 km weit.

a) Wie hoch ist der durchschnittliche Spritverbrauch pro 100 Kilometer?

```
4 9 l : 7 = 7 l
```

b) Herr Schubert bezahlt an der Tankstelle 59,78 €. Berechne den Literpreis.

```
  5 9,7 8 € : 4 9 = 1,2 2 €
- 4 9
  1 0 7
  - 9 8
      9 8
    - 9 8
        0
```


Oft genügt es zur Lösung von Aufgaben nicht, nur zu addieren, zu subtrahieren, zu multiplizieren, zu dividieren oder in eine Formel einzusetzen. Andere Vorgehensweisen sind manchmal viel hilfreicher. Probiere bei den folgenden Aufgaben diese Strategien und bewerte anschließend die Vorteile.

Systematisch vorgehen

1 Erstelle aus den Ziffern 3, 4, 5 und 6 zwei zweistellige Zahlen, beispielsweise 34 und 56. Wenn du die zweistelligen Zahlen addierst, ist die Summe immer durch 9 teilbar. Richtig oder falsch?

```
(3 4 + 5 6) : 9 = 1 0  richtig
(4 5 + 6 3) : 9 = 1 2  richtig
(3 6 + 4 5) : 9 = 9    richtig
(5 6 + 4 3) : 9 = 1 1  richtig
```

Die Behauptung stimmt immer.

Muster finden

2 Vater, Mutter und Bello gehen am Strand spazieren. Vater macht große Schritte. Für jeden von Vaters Schritten macht Mutter zwei Schritte. Bello macht für jeden von Mutters Schritten drei Schritte. Wenn sie alle mit dem linken Fuß angefangen haben, wie viele Schritte müssen sie jeweils gehen, bis sie alle wieder einen Schritt mit demselben Fuß machen?

```
B | l | r | l | r | l | r | l | r | l | r | l | r | l |
M |   l   |   r   |   l   |   r   |   l   |
V |       l       |       r       |       l       |
```

Bello: 13 Schritte   Mutter: 5 Schritte
Vater: 3 Schritte

Modell nachstellen

3 Auf einem 3 × 3-Gitternetz wird ein Gebäude aus 20 Bausteinen errichtet. Das Erdgeschoss ist quadratisch, der zweite Stock ist rechteckig. Die mittlere Säule der Westseite ist 6 Bausteine hoch, der Turm in der Nordwest-Ecke ist 3 Bausteine hoch. Wie könnte das Gebäude aussehen? Gib jeweils die Höhe der Säulen durch Zahlen an. Findest du mehrere Möglichkeiten?

NW, W

3	2	1
6	2	1
2	2	1

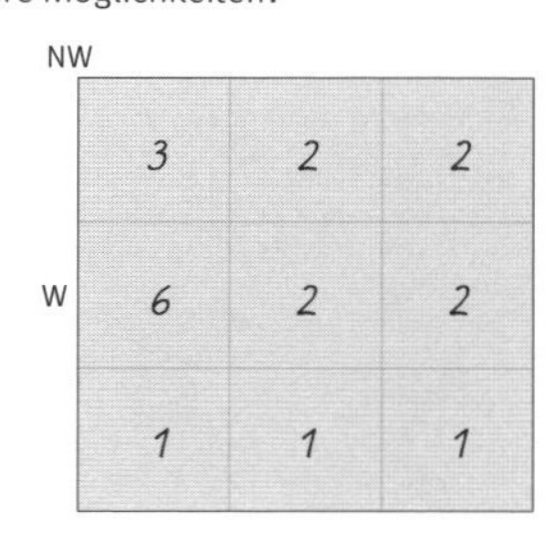

NW, W

3	1	1
6	1	1
5	1	1

Selbsteinschätzung					
Ich kann ...	– –	–	+	+ +	Seite / Aufgabe
Dezimalbrüche in der Stellenwerttafel darstellen.					18/1–18/3, 18/5
Größenangaben in dezimale Schreibweise umwandeln.					18/4
Dezimalbrüche vergleichen und ordnen.					19/1–19/4
Dezimalbrüche runden.					20/1–20/6
Brüche in Dezimalbrüche umwandeln und umgekehrt.					21/1–21/5
Dezimalbrüche addieren und subtrahieren.					22/1–22/6
Dezimalbrüche multiplizieren und dividieren.					23/1–23/5, 24/1–24/4
Lösungsstrategien anwenden.					25/1–25/3

Würfel- und Quadernetze beschreiben und ergänzen

1 Welche Flächen liegen sich am Würfel gegenüber? Male in derselben Farbe aus.

a) 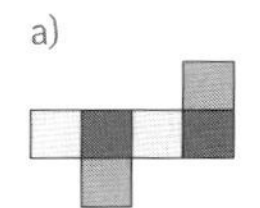 b) 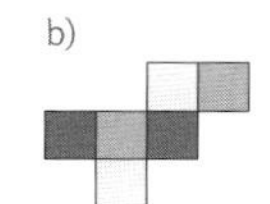 c) 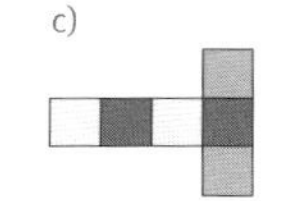 d) 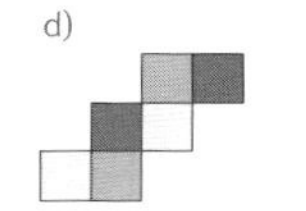 e) 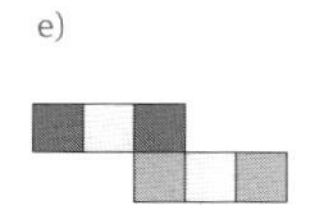

2 Welche Netze sind Quadernetze? Markiere bei diesen die jeweils gegenüberliegenden Flächen in derselben Farbe.

a) 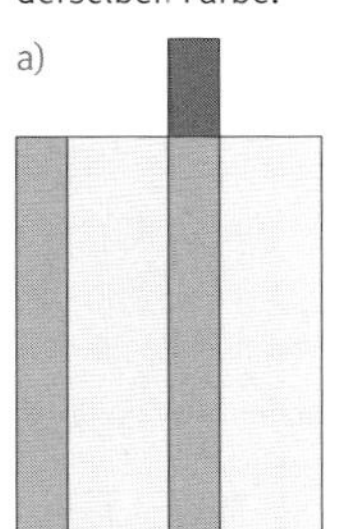 b) 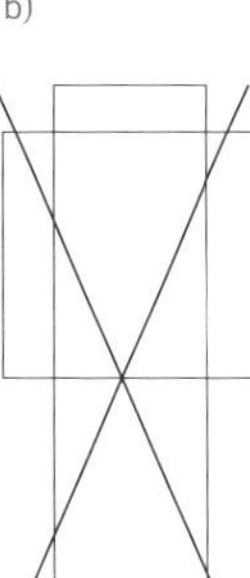 c) 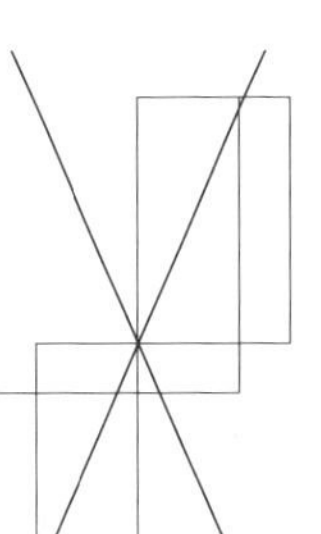 d) 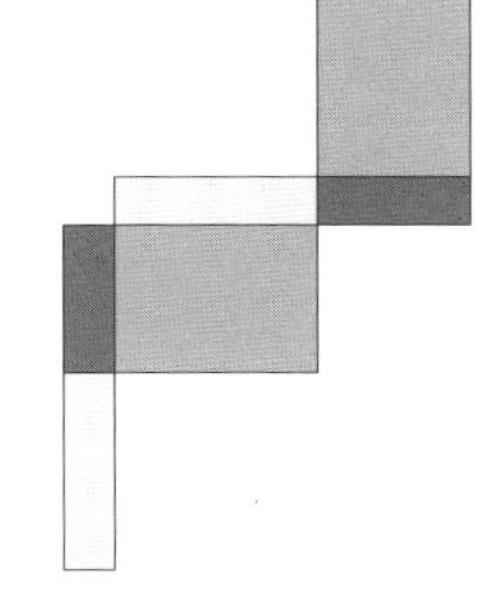

3 Ergänze zum vollständigen Quadernetz.

a) 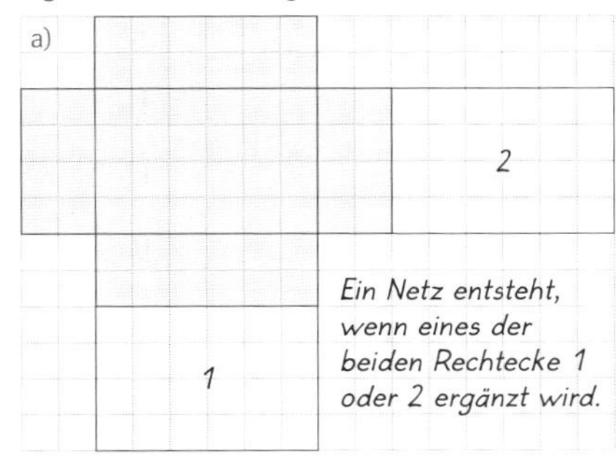

Ein Netz entsteht, wenn eines der beiden Rechtecke 1 oder 2 ergänzt wird.

b) 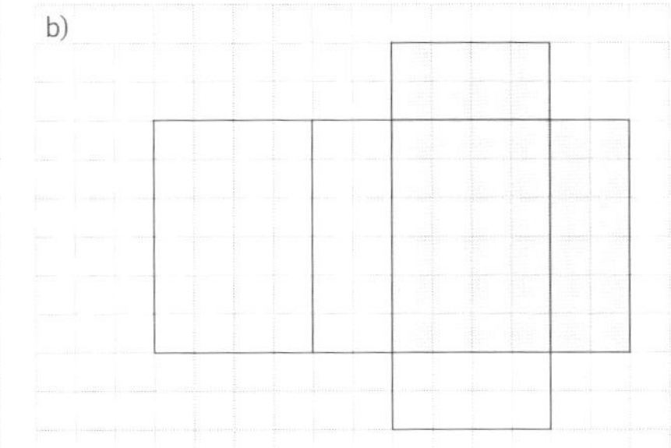

4 Welcher Würfel gehört zu dem Würfelnetz? Begründe.

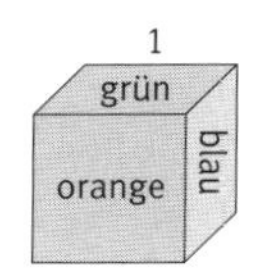

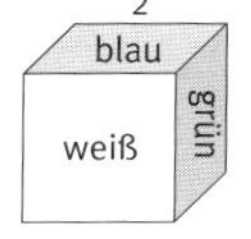

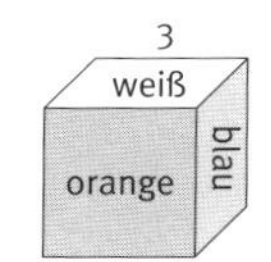

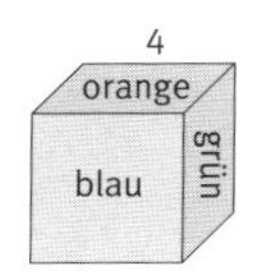

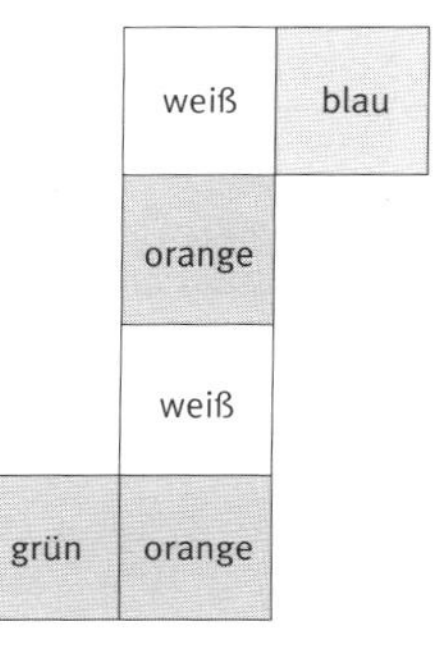

Die blaue und die grüne Seite liegen sich im Netz gegenüber. Also kommt nur das Netz 3 in Frage.

Oberfläche von Würfel und Quader bestimmen

1 Ergänze das Netz und berechne dann die angegebenen Größen.

a) Würfel

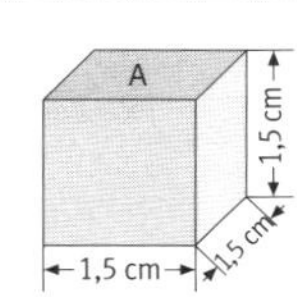

Grundfläche: A = $a \cdot a$

$A = 1{,}5\ cm \cdot 1{,}5\ cm = 2{,}25\ cm^2$

Oberfläche: $O = 6 \cdot A$

$O = 6 \cdot 2{,}25\ cm^2$

$O = 13{,}5\ cm^2$

b) Quader

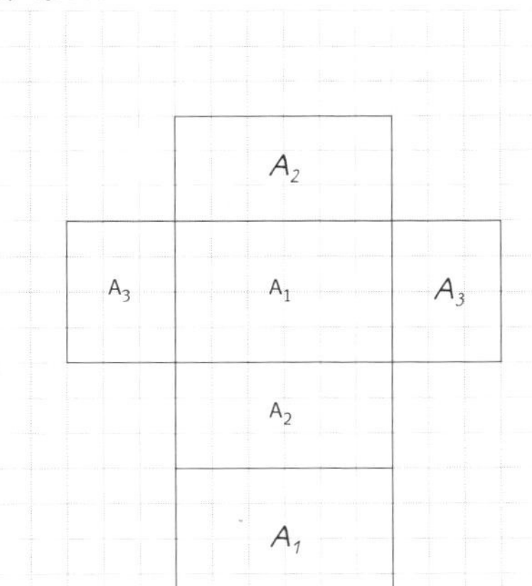

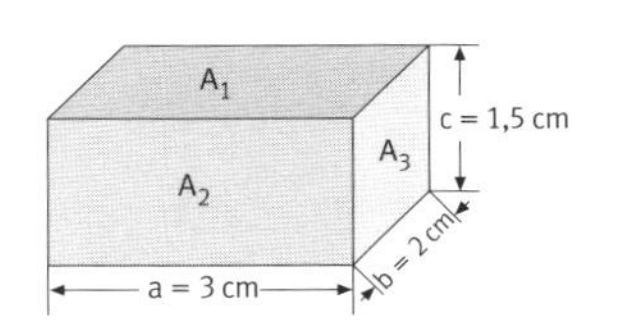

$A_1 = a \cdot b$

$A_1 = 3\ cm \cdot 2\ cm = 6\ cm^2$

$A_2 = a \cdot c$

$A_2 = 3\ cm \cdot 1{,}5\ cm = 4{,}5\ cm^2$

$A_3 = b \cdot c$

$A_3 = 2\ cm \cdot 1{,}5\ cm = 3\ cm^2$

Oberfläche des Quaders: $O = 2 \cdot A_1 + 2 \cdot A_2 + 2 \cdot A_3$

$O = 2 \cdot 6\ cm^2 + 2 \cdot 4{,}5\ cm^2 + 2 \cdot 3\ cm^2 = 27\ cm^2$

2 a)

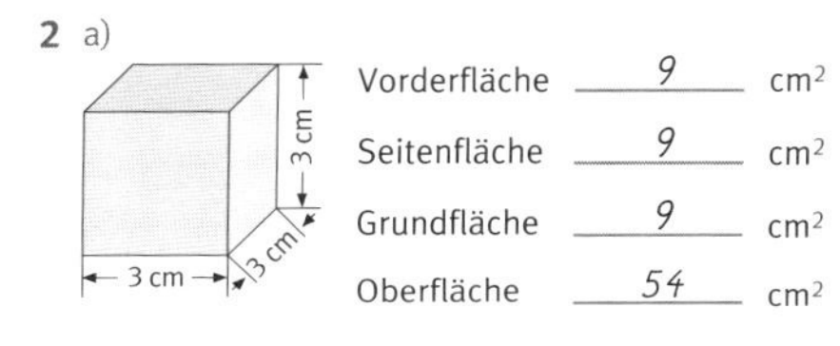

Vorderfläche	9	cm²
Seitenfläche	9	cm²
Grundfläche	9	cm²
Oberfläche	54	cm²

b)

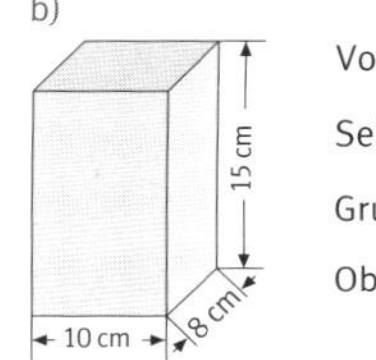

Vorderfläche	150	cm²
Seitenfläche	120	cm²
Grundfläche	80	cm²
Oberfläche	700	cm²

1 Berechne die Oberfläche der Körper.

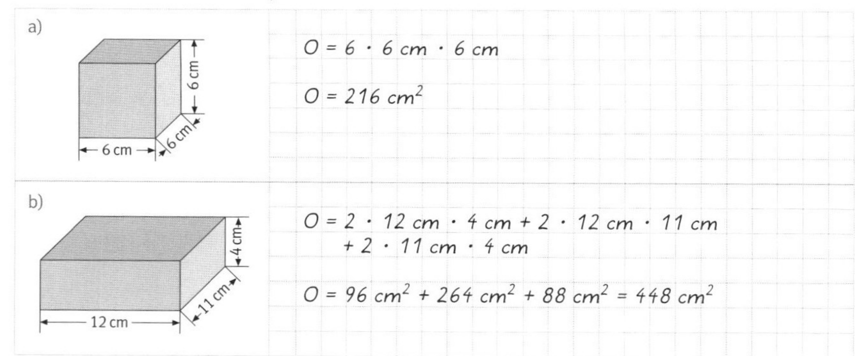

a) $O = 6 \cdot 6\ cm \cdot 6\ cm$

$O = 216\ cm^2$

b) $O = 2 \cdot 12\ cm \cdot 4\ cm + 2 \cdot 12\ cm \cdot 11\ cm + 2 \cdot 11\ cm \cdot 4\ cm$

$O = 96\ cm^2 + 264\ cm^2 + 88\ cm^2 = 448\ cm^2$

2 Die kleinen Würfel haben alle die Kantenlänge 1 cm. Wie groß ist jeweils die Oberfläche der zusammengesetzten Körper?

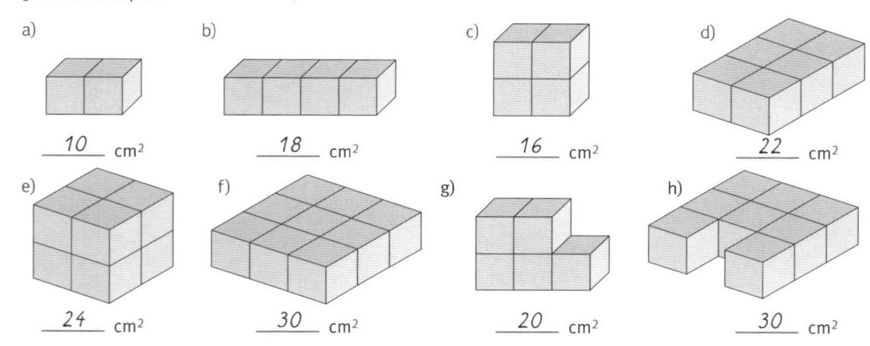

a) 10 cm² b) 18 cm² c) 16 cm² d) 22 cm²

e) 24 cm² f) 30 cm² g) 20 cm² h) 30 cm²

3 Berechne die Oberfläche desselben Körpers auf zwei unterschiedliche Weisen.

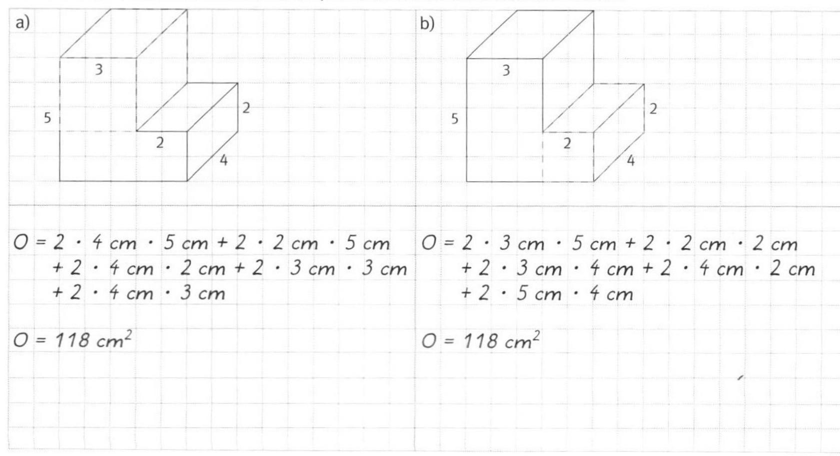

a) $O = 2 \cdot 4\ cm \cdot 5\ cm + 2 \cdot 2\ cm \cdot 5\ cm + 2 \cdot 4\ cm \cdot 2\ cm + 2 \cdot 3\ cm \cdot 3\ cm + 2 \cdot 4\ cm \cdot 3\ cm$

$O = 118\ cm^2$

b) $O = 2 \cdot 3\ cm \cdot 5\ cm + 2 \cdot 2\ cm \cdot 2\ cm + 2 \cdot 3\ cm \cdot 4\ cm + 2 \cdot 4\ cm \cdot 2\ cm + 2 \cdot 5\ cm \cdot 4\ cm$

$O = 118\ cm^2$

1 Welche Körper haben jeweils den gleichen Rauminhalt?

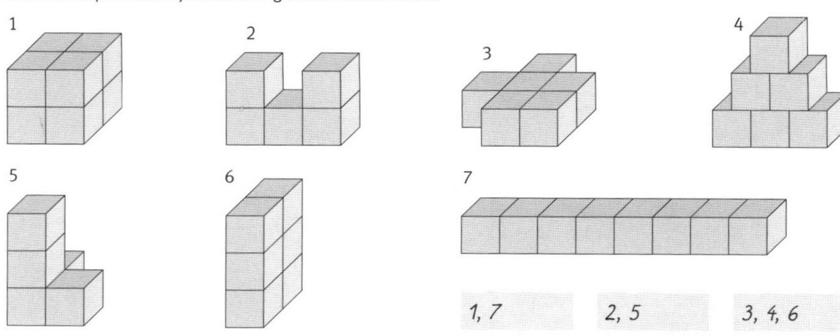

1, 7 | 2, 5 | 3, 4, 6

2 Bestimme das Volumen der Körper, wenn ein kleiner Würfel 1 cm³ entspricht.

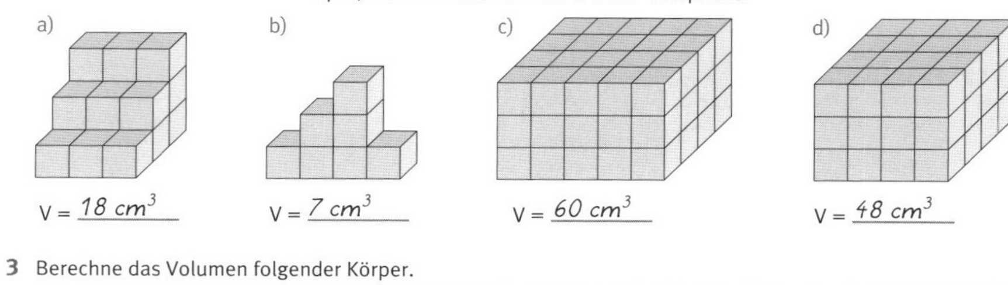

a) $V = 18\ cm^3$ b) $V = 7\ cm^3$ c) $V = 60\ cm^3$ d) $V = 48\ cm^3$

3 Berechne das Volumen folgender Körper.

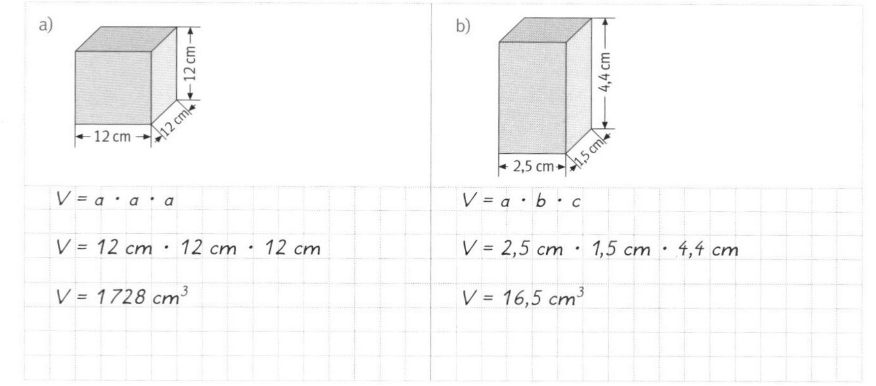

a) $V = a \cdot a \cdot a$

$V = 12\ cm \cdot 12\ cm \cdot 12\ cm$

$V = 1728\ cm^3$

b) $V = a \cdot b \cdot c$

$V = 2{,}5\ cm \cdot 1{,}5\ cm \cdot 4{,}4\ cm$

$V = 16{,}5\ cm^3$

4 Ergänze die Tabelle. Löse im Kopf.

	a)	b)	c)	d)	e)
Länge a	8 m	7 cm	5 m	6 cm	6 m
Breite b	5 m	4 cm	4 m	20 cm	0,5 m
Höhe c	2 m	3 cm	2 m	5 cm	4 m
Volumen V	80 m³	84 cm³	40 m³	600 cm³	12 m³

1 Berechne das Volumen des zusammengesetzten Körpers.

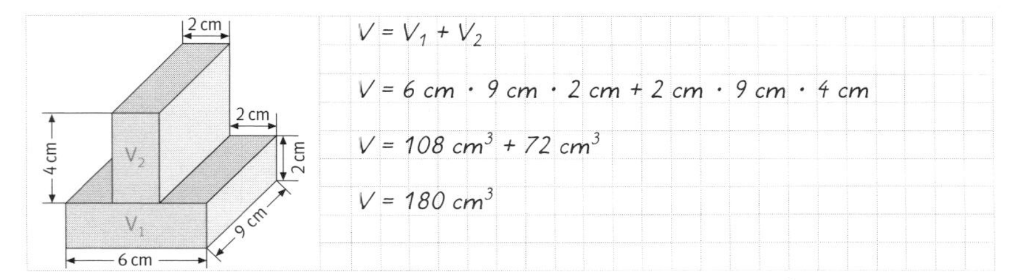

2 Berechne das Volumen auf verschiedene Weise.

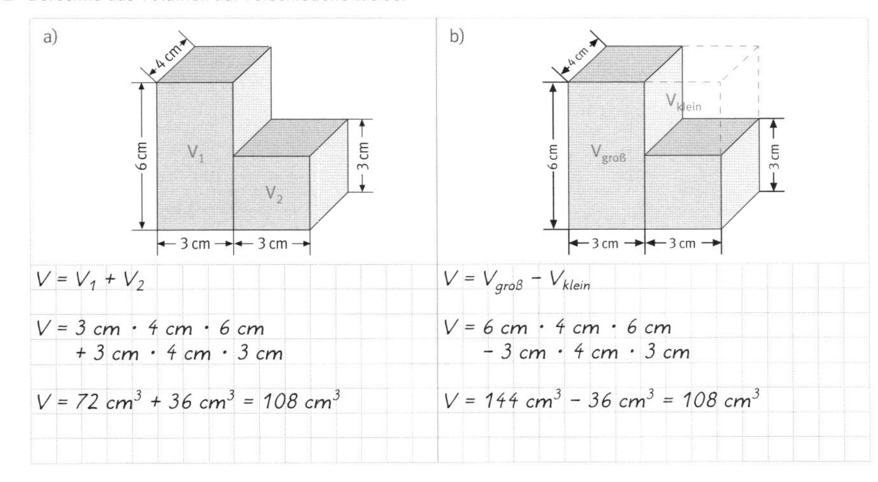

3 Berechne das Volumen auf verschiedene Weise.

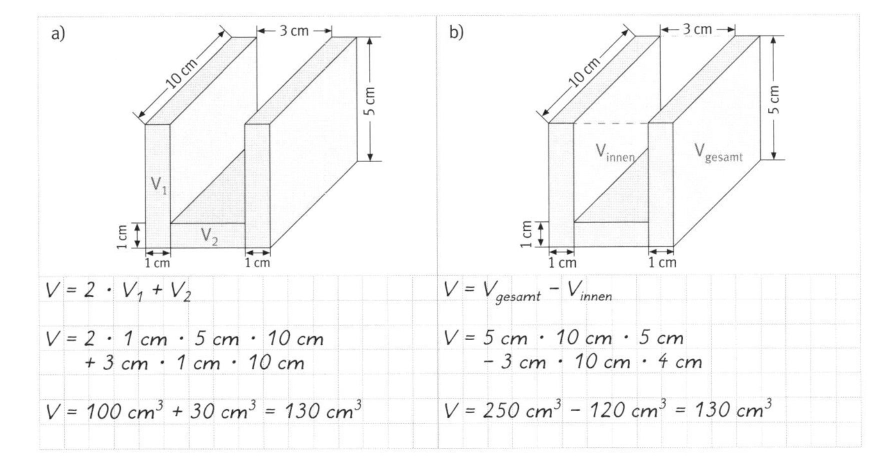

1 Rechne um.

1 cm³ =	*1000*	mm³	1 dm³ =	*1000*	cm³	1 l =	*1000*	cm³
1 dm³ =	*1*	l	1 hl =	*100*	l	1 m³ =	*1000*	l

2 Verwandle in die nächstkleinere Einheit.

a) 24 dm³ = *24 000 cm³*
b) 4,05 cm³ = *4 050 mm³*
c) 8 cm³ = *8 000 mm³*
d) 203 dm³ = *203 000 cm³*
e) 11 m³ = *11 000 dm³*
f) 2,004 m³ = *2 004 dm³*
g) 32 cm³ = *32 000 mm³*
h) 40,5 dm³ = *40 500 cm³*

3 Verwandle in die nächstgrößere Einheit.

a) 21 000 cm³ = *21 dm³*
b) 4 300 dm³ = *4,3 m³*
c) 6 500 dm³ = *6,5 m³*
d) 80 800 mm³ = *80,8 cm³*
e) 72 000 mm³ = *72 cm³*
f) 350 cm³ = *0,35 dm³*
g) 900 000 cm³ = *900 dm³*
h) 45 dm³ = *0,045 m³*

4 Verwandle in die angegebene Maßeinheit.

a) 19 cm³ = *19 000* mm³
b) 5,25 cm³ = *5 250* mm³
c) 15 m³ = *150 000 l = 150* hl
d) 6,5 dm³ = *0,0065* m³
e) 78 dm³ = *78 000* cm³
f) 2,25 hl = *225* l
g) 32 m³ = *32 000* dm³
h) 1,05 m³ = *1 050* dm³
i) 41 l = *41 dm³ = 41 000* cm³
j) 7 200 mm³ = *7,2* cm³
k) 30 800 l = *30 800 dm³ = 30,8* m³
l) 9 045 000 mm³ = *9 045* cm³

5 Ordne der Größe nach. Beginne mit dem kleinsten Rauminhalt.

a)

6 500 cm³	6,9 dm³	6 m³	64 dm³	67 000 cm³	9 600 000 mm³	0,095 m³

6 500 cm³ < 6,9 dm³ < 9 600 000 mm³ < 64 dm³ < 67 000 cm³ < 0,095 m³ < 6 m³

b)

8 300 cm³	0,84 hl	83 dm³	831 l	8 hl 30 l	82 900 cm³	83 dm³ 6 cm³

8 300 cm³ < 82 900 cm³ < 83 dm³ < 83 dm³ 6 cm³ < 0,84 hl < 8 hl 30 l < 831 l

1 Eine Treppe wird betoniert. Wie viel Beton wird benötigt? Berechne das Volumen der Treppe auf verschiedene Weise.

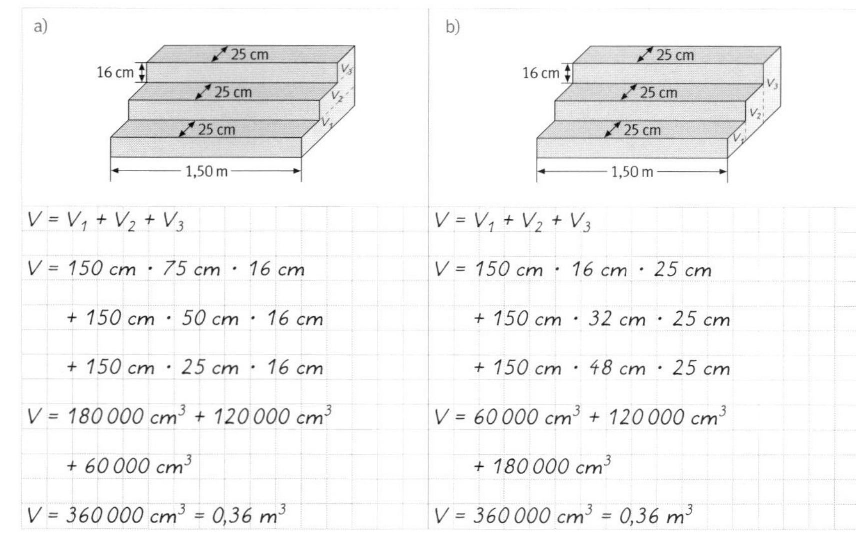

a)

$V = V_1 + V_2 + V_3$

$V = 150\ cm \cdot 75\ cm \cdot 16\ cm$

$+ 150\ cm \cdot 50\ cm \cdot 16\ cm$

$+ 150\ cm \cdot 25\ cm \cdot 16\ cm$

$V = 180\,000\ cm^3 + 120\,000\ cm^3$

$+ 60\,000\ cm^3$

$V = 360\,000\ cm^3 = 0{,}36\ m^3$

b)

$V = V_1 + V_2 + V_3$

$V = 150\ cm \cdot 16\ cm \cdot 25\ cm$

$+ 150\ cm \cdot 32\ cm \cdot 25\ cm$

$+ 150\ cm \cdot 48\ cm \cdot 25\ cm$

$V = 60\,000\ cm^3 + 120\,000\ cm^3$

$+ 180\,000\ cm^3$

$V = 360\,000\ cm^3 = 0{,}36\ m^3$

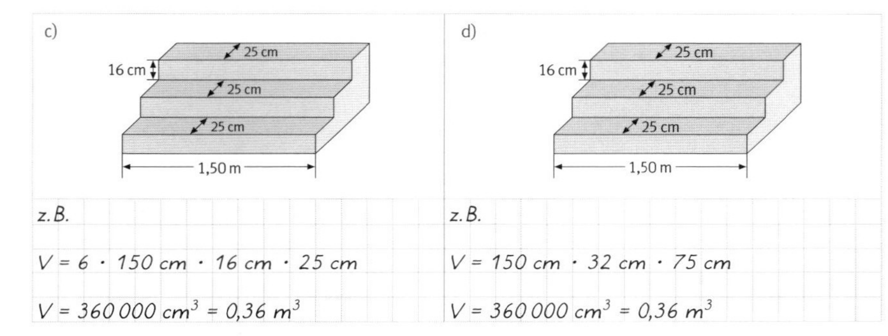

c)

z. B.

$V = 6 \cdot 150\ cm \cdot 16\ cm \cdot 25\ cm$

$V = 360\,000\ cm^3 = 0{,}36\ m^3$

d)

z. B.

$V = 150\ cm \cdot 32\ cm \cdot 75\ cm$

$V = 360\,000\ cm^3 = 0{,}36\ m^3$

2 Die Trittstufen werden mit Granitplatten belegt.

a) Berechne die Fläche der Granitplatten, wenn diese vorn und an den beiden Seiten je 2 cm überstehen.

Länge der Platten: 154 cm

Breite der Platten: 27 cm

$A = 3 \cdot 154\ cm \cdot 27\ cm$

$A = 12\,474\ cm^2 = 1{,}2474\ m^2$

b) Wie teuer kommen die Granitplatten, wenn 1 m² 50 € kostet?

$1{,}2474 \cdot 50\ € = 62{,}37\ €$

1 Berechne jeweils die Oberfläche und das Volumen der Quader.

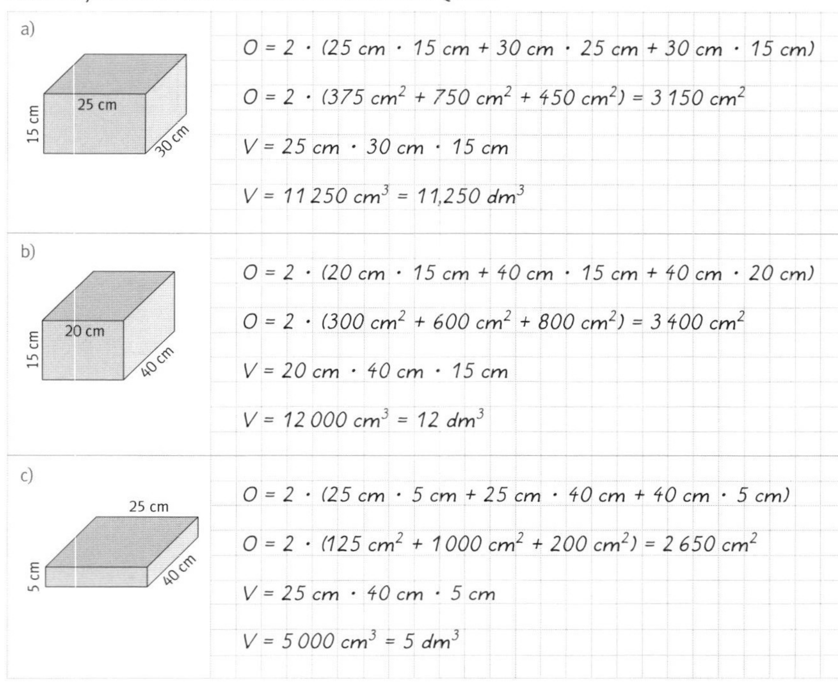

a)

$O = 2 \cdot (25\ cm \cdot 15\ cm + 30\ cm \cdot 25\ cm + 30\ cm \cdot 15\ cm)$

$O = 2 \cdot (375\ cm^2 + 750\ cm^2 + 450\ cm^2) = 3\,150\ cm^2$

$V = 25\ cm \cdot 30\ cm \cdot 15\ cm$

$V = 11\,250\ cm^3 = 11{,}250\ dm^3$

b)

$O = 2 \cdot (20\ cm \cdot 15\ cm + 40\ cm \cdot 15\ cm + 40\ cm \cdot 20\ cm)$

$O = 2 \cdot (300\ cm^2 + 600\ cm^2 + 800\ cm^2) = 3\,400\ cm^2$

$V = 20\ cm \cdot 40\ cm \cdot 15\ cm$

$V = 12\,000\ cm^3 = 12\ dm^3$

c)

$O = 2 \cdot (25\ cm \cdot 5\ cm + 25\ cm \cdot 40\ cm + 40\ cm \cdot 5\ cm)$

$O = 2 \cdot (125\ cm^2 + 1\,000\ cm^2 + 200\ cm^2) = 2\,650\ cm^2$

$V = 25\ cm \cdot 40\ cm \cdot 5\ cm$

$V = 5\,000\ cm^3 = 5\ dm^3$

2 Das angegebene Werkstück besteht aus zwei Quadern. Berechne sein Volumen und die Oberfläche.

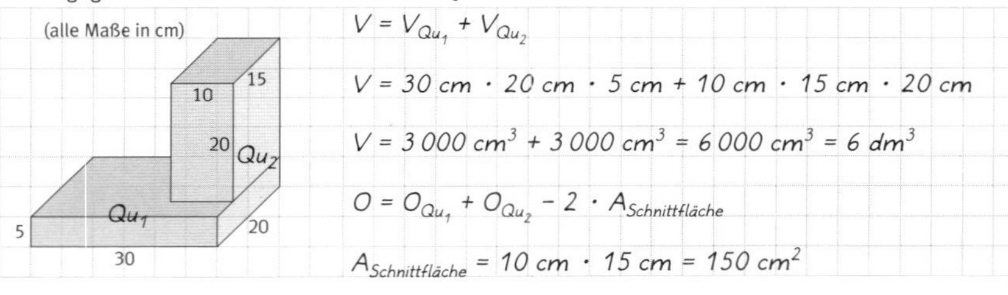

$V = V_{Qu_1} + V_{Qu_2}$

$V = 30\ cm \cdot 20\ cm \cdot 5\ cm + 10\ cm \cdot 15\ cm \cdot 20\ cm$

$V = 3\,000\ cm^3 + 3\,000\ cm^3 = 6\,000\ cm^3 = 6\ dm^3$

$O = O_{Qu_1} + O_{Qu_2} - 2 \cdot A_{Schnittfläche}$

$A_{Schnittfläche} = 10\ cm \cdot 15\ cm = 150\ cm^2$

Selbsteinschätzung					
Ich kann ...	– –	–	+	+ +	Seite / Aufgabe
Würfel- und Quadernetze beschreiben und ergänzen.					26/1–26/4
die Oberfläche von Würfeln und Quadern zeichnen und bestimmen.					27/1–27/2, 28/1–28/3, 32/2, 33/1
das Volumen von Würfeln, Quadern und zusammengesetzten Körpern bestimmen.					29/1–29/4, 30/1–30/3, 32/1, 33/1–33/2
Volumeneinheiten umwandeln.					31/1–31/5

1 a) $22 - (14 - 8)$
$= 22 - 6$
$= 16$

b) $(7 + 14) - 21$
$= 21 - 21$
$= 0$

c) $1 + (5 + 6) - 2$
$= 1 + 11 - 2$
$= 10$

d) $9 \cdot (4 + 3) + 5$
$= 9 \cdot 7 + 5$
$= 63 + 5$
$= 68$

e) $60 : (10 - 4) + 27$
$= 60 : 6 + 27$
$= 10 + 27$
$= 37$

f) $4 + 21 : 3 - 7$
$= 4 + 7 - 7$
$= 4 + 0$
$= 4$

2 a) $17 \cdot 3 + 28$
$= 51 + 28$
$= 79$

b) $40 - 6 \cdot 5 + 11$
$= 40 - 30 + 11$
$= 21$

c) $3 \cdot 5 - 16 : 4$
$= 15 - 4$
$= 11$

d) $39 - 40 : 10 + 6 \cdot 3$
$= 39 - 4 + 18$
$= 53$

e) $32 : 4 + 3 \cdot 7 - 34 : 17$
$= 8 + 21 - 2$
$= 27$

3 Finde die Fehler und verbessere.

a) $15 : (15 : 3 - 2) + 3$
$= 15 : (15 : 1) + 3$
$= 1 + 3$
$= 4$

$15 : (15 : 3 - 2) + 3$
$= 15 : (5 - 2) + 3$
$= 15 : 3 + 3$
$= 5 + 3$
$= 8$

b) $(60 : 12) + (20 : 5)$
$= 60 : 12 + 20 : 5$
$= 5 + 20 : 5$
$= 25 : 5$
$= 5$

$(60 : 12) + (20 : 5)$
$= 60 : 12 + 20 : 5$
$= 5 + 4$
$= 9$

4 Notiere zuerst den ganzen Term und rechne dann schrittweise.

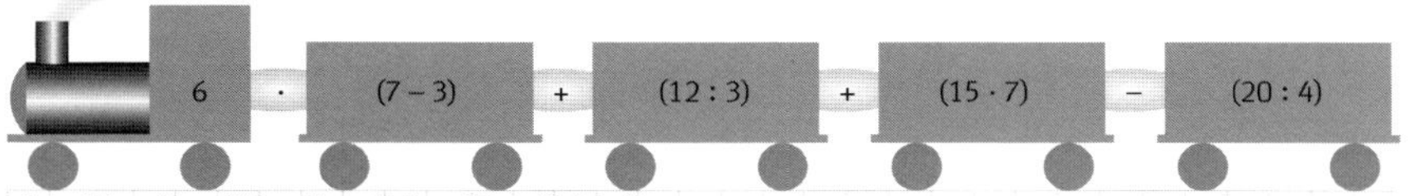

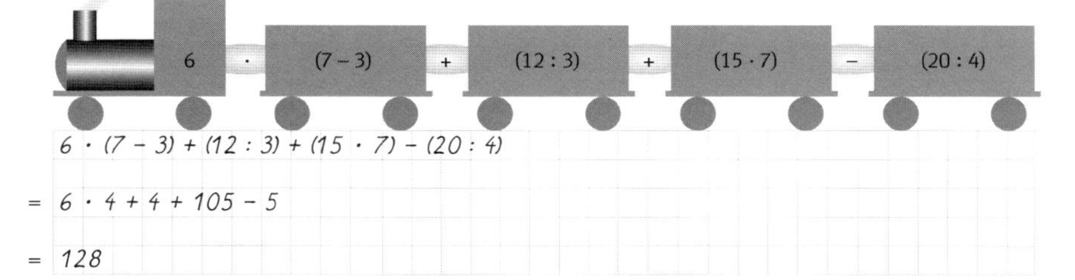

$6 \cdot (7 - 3) + (12 : 3) + (15 \cdot 7) - (20 : 4)$
$= 6 \cdot 4 + 4 + 105 - 5$
$= 128$

1 Forme die Terme um und berechne.

a) $17 \cdot (8 - 5)$
$= 17 \cdot 3$
$= 51$

b) $(21 + 6) \cdot 4$
$= 27 \cdot 4$
$= 108$

c) $(18 - 4) : 2$
$= 14 : 2$
$= 7$

d) $21 : (8 - 1)$
$= 21 : 7$
$= 3$

2 Klammere aus und berechne.

a) $8 \cdot 4 + 14 \cdot 4 - 11 \cdot 4$
$= (8 + 14 - 11) \cdot 4$
$= 11 \cdot 4$
$= 44$

b) $6 \cdot 7 + 6 \cdot 7 - 6 \cdot 13$
$= (7 + 7 - 13) \cdot 6$
$= 1 \cdot 6$
$= 6$

c) $15 : 7 + 13 : 7 - 14 : 7$
$= (15 + 13 - 14) : 7$
$= 14 : 7$
$= 2$

3 Rechne vorteilhaft.

a) $164 + 13 + 27$
$= 164 + 40$
$= 204$

b) $29 - 17 - 3$
$= 29 - 20$
$= 9$

c) $7 \cdot 8 \cdot 12{,}5$
$= 7 \cdot 100$
$= 700$

d) $42 : 3 : 7$
$= 14 : 7$
$= 2$

4 Ordne der Textaufgabe den richtigen Term zu und berechne.

a) Subtrahiere von 108 die Zahlen 21 und 9. → Dividiere durch 3. → Addiere 19 dazu.

- ○ $(108 - 21 - 9) : 3 - 19$
- ○ $(108 + 21 - 9) : 3 + 19$
- ⊗ $(108 - 21 - 9) : 3 + 19$

$(108 - 21 - 9) : 3 + 19$
$= 78 : 3 + 19$
$= 26 + 19$
$= 45$

b) Multipliziere die Zahl 8 mit 9. → Subtrahiere davon die Summe aus 2 und 5. → Addiere die Zahl 5.

- ○ $(8 : 9) + (2 - 5) + 5$
- ○ $(8 \cdot 9) + (2 + 5) - 5$
- ⊗ $(8 \cdot 9) - (2 + 5) + 5$

$(8 \cdot 9) - (2 + 5) + 5$
$= 72 - 7 + 5$
$= 65 + 5$
$= 70$

5 Berechne den Flächeninhalt der einzelnen Rechtecke und daraus die Gesamtfläche.

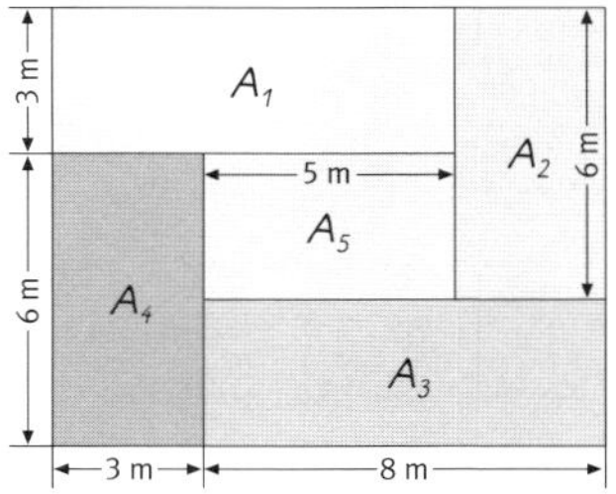

$A_1 = A_3 = 8\,m \cdot 3\,m = 24\,m^2$

$A_2 = A_4 = 6\,m \cdot 3\,m = 18\,m^2$

$A_5 = 5\,m \cdot 3\,m = 15\,m^2$

$A_{gesamt} = 2 \cdot 24\,m^2 + 2 \cdot 18\,m^2 + 15\,m^2$

$= 99\,m^2$

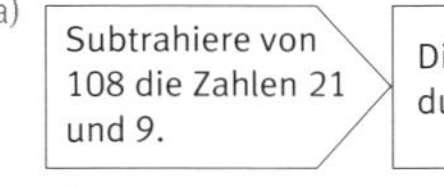

1 Berechne den Wert der Terme für die angegebenen Belegungen von x.

x	5 · (10 – x)	x · (3 + x)	4 · x : (56 : 8 – 3) – 2
2	5 · (10 – 2) = 40	2 · (3 + 2) = 10	4 · 2 : (56 : 8 – 3) – 2 = 0
5	5 · (10 – 5) = 25	5 · (3 + 5) = 40	4 · 5 : (56 : 8 – 3) – 2 = 3

x	(x + 2) · 8	(20 – x) · x	(x + 1) : 2 + 7
3	(3 + 2) · 8 = 40	(20 – 3) · 3 = 51	(3 + 1) : 2 + 7 = 9
4	(4 + 2) · 8 = 48	(20 – 4) · 4 = 64	(4 + 1) : 2 + 7 = 9,5

2 Berechne jeweils y, wenn für x die Zahlen 3, 4 oder 11 eingesetzt werden.

a) y = 3 + x · 1,5

x = 3 y = 3 + 3 · 1,5
y = 7,5
x = 4 y = 3 + 4 · 1,5
y = 9
x = 11 y = 3 + 11 · 1,5
y = 19,5

b) y = 2,5 · x – (x – 2)

x = 3 y = 2,5 · 3 – (3 – 2)
y = 6,5
x = 4 y = 2,5 · 4 – (4 – 2)
y = 8
x = 11 y = 2,5 · 11 – (11 – 2)
y = 18,5

3 Welche Zahl muss man für x einsetzen, damit beide Terme denselben Wert haben?

a) 4 · x | 35 – x | x = 7
b) x + 3 | 108 : x | x = 9
c) 3 + x · 7 | x · 8 – 8 | x = 11
d) x + 3 · x | 100 : x | x = 5
e) 7 · x | 4 · x + 9 | x = 3
f) 12 · x + 3 | 10 · x + 5 | x = 1
g) 2 · x + 3 | 3 · x – 2 | x = 5
h) x : 2 + 1 | 26 – 2 · x | x = 10

4 Frau Klinger kauft beim Metzger folgende Wurstsorten ein:
150 g Schinkenwurst (100 g zu 1,10 €), 180 g Salami (100 g zu 2,10 €), 150 g Leberwurst (100 g zu 1,80 €). Mit welchem Schein hat sie bezahlt, wenn sie 1,87 € zurück bekommt? Stelle den Term auf und berechne.

1,50 · 1,10 € + 1,8 · 2,10 € + 1,5 · 1,80 € + 1,87 €
= 1,65 € + 3,78 € + 2,70 € + 1,87 €
= 10,00 €
Frau Klinger hat mit einem 10-€-Schein bezahlt.

1 Umrahme Gleichung, Umkehraufgabe und Lösung mit gleicher Farbe.

a)

Gleichung	Umkehraufgabe	Lösung
x + 13 = 41	x = 17 + 9	x = 26
x – 17 = 9	x = 41 – 14	x = 26
x – 32 = 25	x = 32 – 25	x = 57
14 + x = 41	x = 41 – 13	x = 27
25 + x = 32	x = 25 + 32	x = 7
x – 9 = 17	x = 9 + 17	x = 28

b)

Gleichung	Umkehraufgabe	Lösung
9 · x = 27	x = 13 · 4	x = 3
2 · x = 38	x = 27 : 3	x = 42
x : 4 = 13	x = 27 : 9	x = 9
x : 3 = 14	x = 14 · 3	x = 19
x : 9 = 2	x = 2 · 9	x = 52
x · 3 = 27	x = 38 : 2	x = 18

2 Löse durch die Umkehraufgabe.

a) 17 + x = 35
x = 35 – 17
x = 18

b) x + 21 = 49
x = 49 – 21
x = 28

c) x – 44 = 19
x = 19 + 44
x = 63

d) x – 23 = 12
x = 12 + 23
x = 35

e) 9 · x = 45
x = 45 : 9
x = 5

f) x · 17 = 51
x = 51 : 17
x = 3

g) x : 5 = 7
x = 7 · 5
x = 35

h) x : 3 = 4
x = 4 · 3
x = 12

i) 2 · x = 16
x = 16 : 2
x = 8

j) 16 + x = 59
x = 59 – 16
x = 43

k) x – 13 = 29
x = 29 + 13
x = 42

l) x : 9 = 7
x = 7 · 9
x = 63

3 Löse mithilfe von Umkehraufgaben.

a)
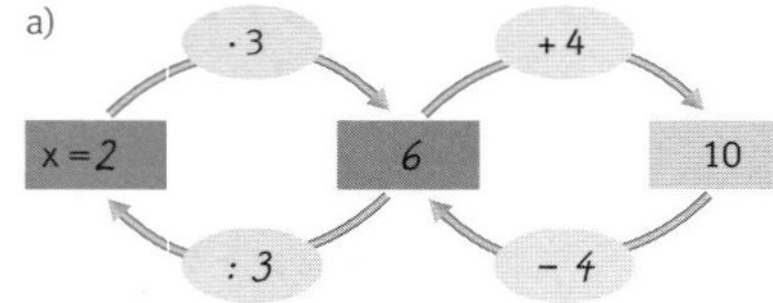

b)
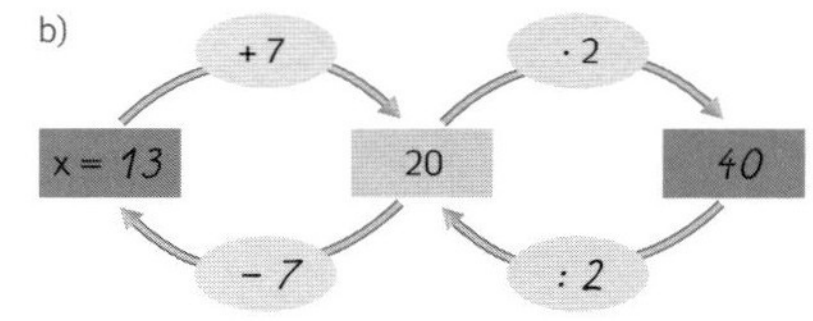

c)
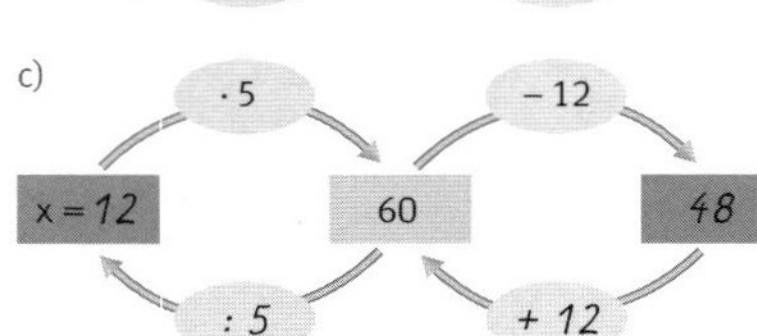

d)
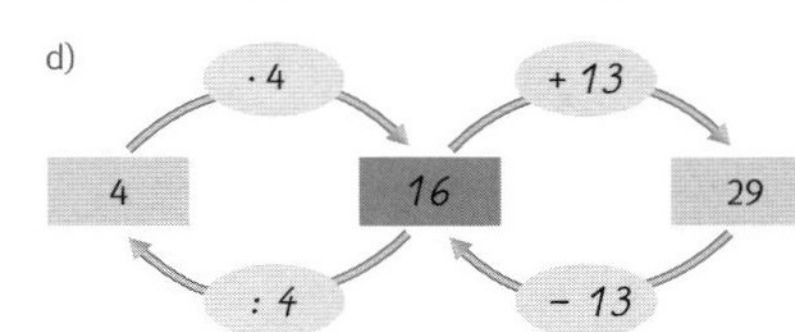

1 Löse die Gleichung zuerst zeichnerisch, dann durch Rechnung.

a)

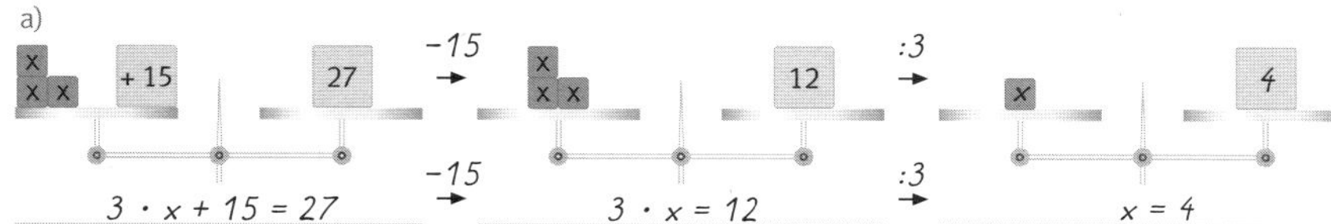

$3 \cdot x + 15 = 27 \xrightarrow{-15} 3 \cdot x = 12 \xrightarrow{:3} x = 4$

b)

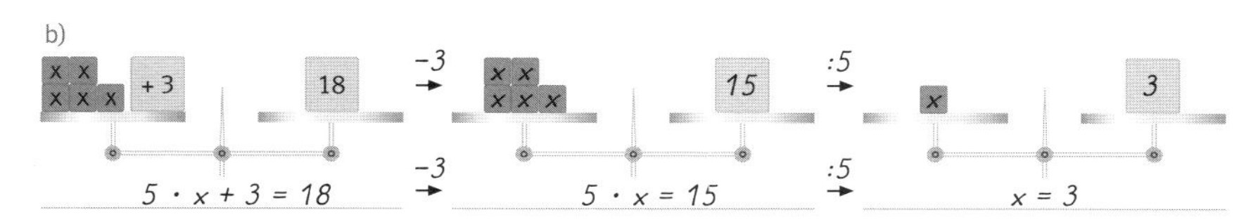

$5 \cdot x + 3 = 18 \xrightarrow{-3} 5 \cdot x = 15 \xrightarrow{:5} x = 3$

c)

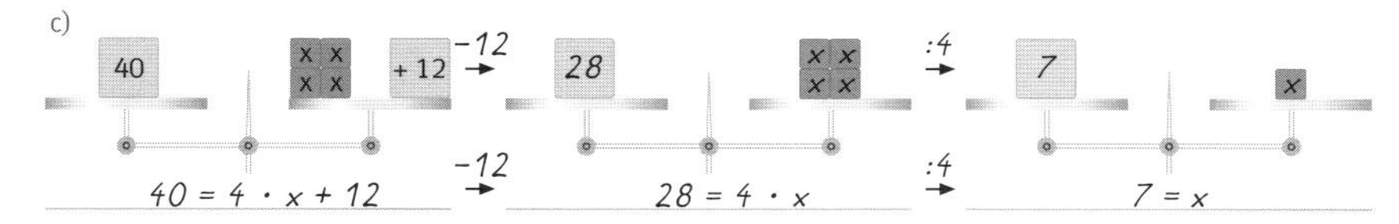

$40 = 4 \cdot x + 12 \xrightarrow{-12} 28 = 4 \cdot x \xrightarrow{:4} 7 = x$

2 Ordne Waagen und Gleichungen einander zu und löse dann.

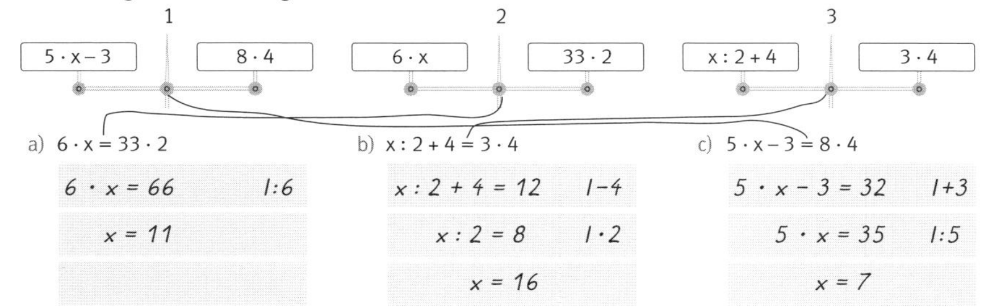

a) $6 \cdot x = 33 \cdot 2$

$6 \cdot x = 66 \quad |:6$

$x = 11$

b) $x : 2 + 4 = 3 \cdot 4$

$x : 2 + 4 = 12 \quad |-4$

$x : 2 = 8 \quad |\cdot 2$

$x = 16$

c) $5 \cdot x - 3 = 8 \cdot 4$

$5 \cdot x - 3 = 32 \quad |+3$

$5 \cdot x = 35 \quad |:5$

$x = 7$

3 Löse durch äquivalentes Umformen.

a) $3 \cdot x + 28 = 74 : 2$

$3 \cdot x + 28 = 37 \quad |-28$

$3 \cdot x = 9 \quad |:3$

$x = 3$

b) $78 : 3 = 6 + 4 \cdot x$

$26 = 6 + 4 \cdot x \quad |-6$

$20 = 4 \cdot x \quad |:4$

$5 = x$

c) $7 \cdot x + 4 = 5 \cdot 12$

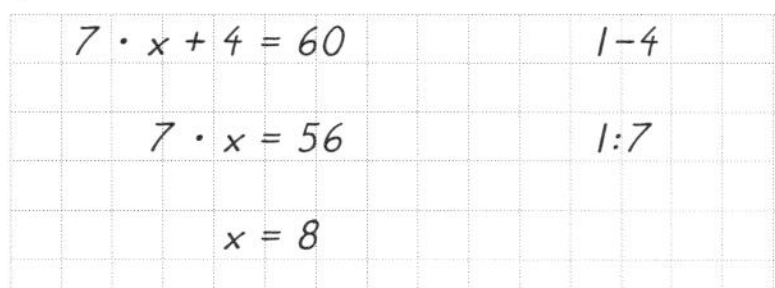

$7 \cdot x + 4 = 60 \quad |-4$

$7 \cdot x = 56 \quad |:7$

$x = 8$

d) $26 + 2 \cdot x = 200 : 5$

$26 + 2 \cdot x = 40 \quad |-26$

$2 \cdot x = 14 \quad |:2$

$x = 7$

1

	a)	a)
Text	Wenn man eine Zahl mit 5 multipliziert und dann um 4 vermindert, erhält man 21.	Wenn man zu der Zahl 47 eine unbekannte Zahl addiert, erhält man das 7-Fache von 12.
Gleichung	$x \cdot 5 - 4 = 21 \quad |+4$	$47 + x = 7 \cdot 12$
Lösung	$x \cdot 5 = 21 + 4 \quad :5$ $x = 5$	$47 + x = 84 \quad |-47$ $x = 37$

2

	a)	b)
Text	Peter kauft eine DVD zu 18,85 € und 3 CDs. Er legt der Kassiererin 70 € hin und erhält 2,10 € zurück. Wie viel kostet eine CD?	Herr Seifert hat in seinem Tank noch 1672 l Heizöl. Er lässt den Tank, der 6000 l fasst, nun auffüllen. Wie viel muss er Herr Seifert bezahlen, wenn 1 l Heizöl 32 Ct kostet?
Gleichung	$18{,}85 + 3 \cdot x + 2{,}10 = 70$	$(6\,000 - 1\,672) \cdot 0{,}32 = x$
Lösung	$20{,}95 + 3 \cdot x = 70 \quad |-20{,}95$ $3 \cdot x = 49{,}05 \quad |:3$ $x = 16{,}35$ Eine CD kostet 16,35 €.	$4\,328 \cdot 0{,}32 = x$ $1\,384{,}96 = x$ Herr Seifert muss 1384,96 € bezahlen.

3

	a)	b)
Text	Die Wände eines Zimmers (l = 4 m, b = 5 m, h = 2,20 m) sollen neu gestrichen werden. Die beiden Fenster (je 2,25 m^2) und die Tür (a = 1,20 m, b = 2,10 m) bleiben ausgespart. Wie groß ist die zu bearbeitende Fläche?	Herr Redlich kauft 2 kg Orangen und 3 kg Äpfel. Die Orangen kosten pro kg um die Hälfte mehr als die Äpfel. Insgesamt bezahlt Herr Redlich 12 €. Berechne jeweils den Preis für 1 kg Orangen und Äpfel.
Gleichung	$x = 2 \cdot 4 \cdot 2{,}20 + 2 \cdot 5 \cdot 2{,}20 - (2 \cdot 2{,}25 + 1{,}2 \cdot 2{,}1)$	$3 \cdot x + 2 \cdot 1{,}5 \cdot x = 12$
Lösung	$x = 17{,}6 + 22 - (4{,}5 + 2{,}52)$ $x = 39{,}6 - 7{,}02$ $x = 32{,}58$ Fläche: 32,58 m^2	$3 \cdot x + 3 \cdot x = 12$ $6 \cdot x = 12 \quad |:6$ $x = 2$ Äpfel: 2 € pro kg Orangen: 3 € pro kg

Selbsteinschätzung					
Ich kann …	– –	–	+	+ +	Seite / Aufgabe
Rechenregeln anwenden und Terme umformen.					34/1–34/4, 35/1–35/5
Terme mit Variablen berechnen.					36/1–36/4
Gleichungen mit Umkehraufgaben lösen.					37/1–37/3
Gleichungen äquivalent umformen.					38/1–38/3
Gleichungen aufstellen und lösen.					39/1–39/3

1 Welchen Geldbetrag ergibt ein kompletter Satz Euro-Scheine und -Münzen?

Scheine:	Münzen:	gesamt:
500 €	2 €	885,00 €
200 €	1 €	+ 3,88 €
100 €	50 Ct	888,88 €
50 €	20 Ct	
20 €	10 Ct	
10 €	5 Ct	
5 €	2 Ct	
885 €	1 Ct	
	3 € 88 Ct	

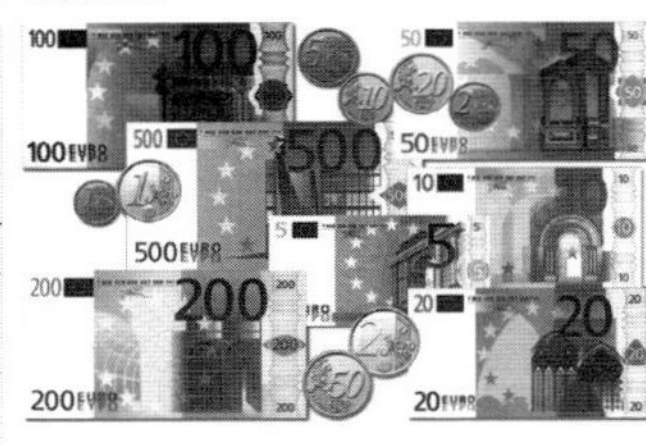

2

Betrag 1	17,20 €	89,60 €	100,20 €	640,20 €	456,78 €
Betrag 2	5,80 €	10,40 €	56,70 €	91,90 €	543,22 €
Summe	23,00 €	100,00 €	156,90 €	732,10 €	1000,00 €

3 Tanja und Michael kaufen Schulsachen.

Sonderangebot	
Heft	0,49 €
Block	0,75 €
Bleistift	0,28 €
Füller	6,98 €

7 Hefte
4 Blöcke
3 Bleistifte
1 Füller

Tanja

8 Hefte
3 Blöcke
4 Bleistifte
1 Füller

Michael

a) Überschlage, wie viel jeder bezahlen muss und rechne dann genau.

Überschlag Tanja: 14,40 €
7 · 0,49 € + 4 · 0,75 €
+ 3 · 0,28 € + 6,98 €
= 3,43 € + 3,00 €
+ 0,84 € + 6,98 €
= 14,25 €

Überschlag Michael: 14,25 €
8 · 0,49 € + 3 · 0,75 €
+ 4 · 0,28 € + 6,98 €
+ 3,92 € + 2,25 €
+ 1,12 € + 6,98 €
= 14,27 €

b) Wie viel Geld erhalten sie jeweils zurück, wenn jeder mit einem 20-€-Schein bezahlt?

20 € − 14,25 € = 5,75 €

20 € − 14,27 € = 5,73 €

c) Wie viele Hefte hätte Tanja gekauft, wenn sie insgesamt 16,21 € bezahlen müsste?

16,21 € − 3,00 € − 0,84 € − 6,98 € = 5,39 €

5,39 € : 0,49 € = 11 (Hefte) Tanja hätte 11 Hefte gekauft.

1 Ergänze.

1 kg =	1000	g	$2\frac{3}{4}$ kg =	2750	g	1,25 t =	1250	kg
1 t =	1000	kg	0,05 t =	50	kg	6,25 kg =	6250	g
5 kg 500 g =	5,5	kg	3 kg 2 g =	3002	g	7 t 30 kg =	7030	kg
8500 g =	8,5	kg	30040 g =	30,04	kg	1408 kg =	1,408	t

2 Auf eine Palette (Eigengewicht 10 kg) sind fünf Schichten mit je acht Ziegelsteinen gestapelt.

a) Wie viel wiegt eine komplette Palette, wenn ein Ziegelstein 18,5 kg wiegt?

b) Ein Lkw kann noch 4 t zuladen. Wie viele ganze Paletten kann er noch transportieren?

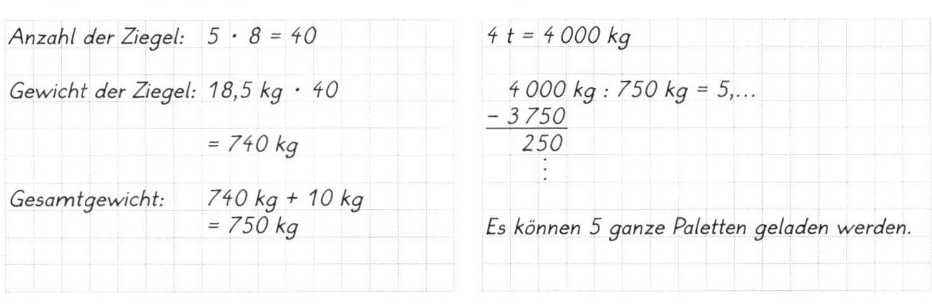

Anzahl der Ziegel: 5 · 8 = 40

Gewicht der Ziegel: 18,5 kg · 40
= 740 kg

Gesamtgewicht: 740 kg + 10 kg
= 750 kg

4 t = 4000 kg

4000 kg : 750 kg = 5,...
− 3750
250
⋮

Es können 5 ganze Paletten geladen werden.

c) Welches Gewicht hätte eine Palette, wenn $\frac{3}{4}$ der Steine der obersten Reihe fehlen?

40 − 6 = 34

18,5 kg · 34
555
740
629,0 kg

629 kg + 10 kg = 639 kg

d) Welches Gewicht hätte ein Ziegelstein bei einem Gesamtgewicht einer Palette von 0,69 t?

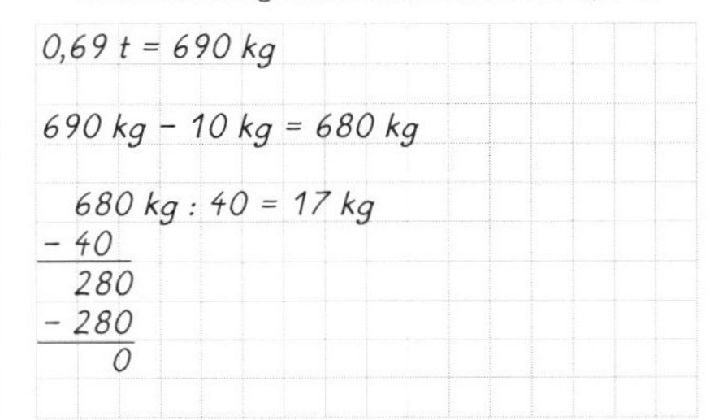

0,69 t = 690 kg

690 kg − 10 kg = 680 kg

680 kg : 40 = 17 kg
− 40
280
− 280
0

3 Ergänze die Zahlenmauern.

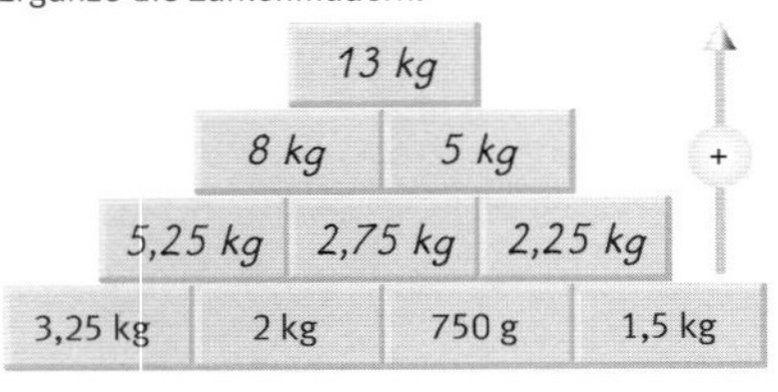

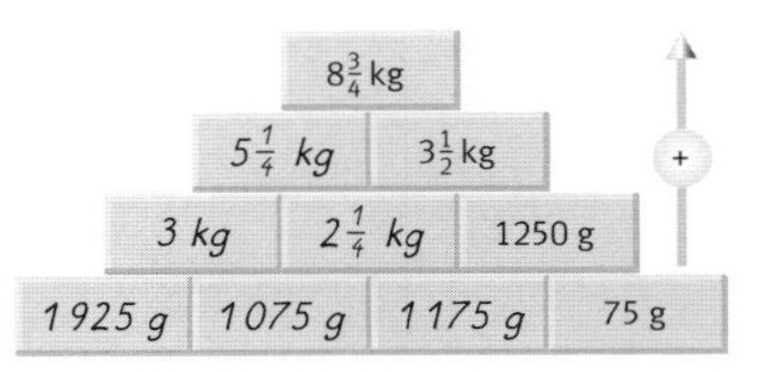

4 <, > oder =?

a)
40 t (=) 40000 kg
9 kg 6 g (<) 9060 g
9,48 t (>) 9048 kg

b)
5400 g (>) 5 kg 40 g
5720 mg (<) 572 g
8 kg 30 mg (<) 8,3 kg

c)
37 g (=) 37000 mg
6 t 5 kg 4 g (=) 6005004 g
800 kg (>) 80000 g

1 Notiere die Uhrzeiten und ermittle die jeweils dazwischenliegende Zeitspanne.

a) Tag: b) Nacht:

Uhrzeit: *6.15* *7.05* *8.52* *0.29* *3.22* *5.06*

Zeitspanne: *50 min* *1 h 47 min* *2 h 53 min* *1 h 44 min*

2 Trage die fehlenden Werte ein.

	a)	b)	c)	d)	e)
Abfahrt	8.24 Uhr	16.08 Uhr	17.53 Uhr	21.48 Uhr	*6.50 Uhr*
Ankunft	10.45 Uhr	*19.43 Uhr*	22.36 Uhr	*0.05 Uhr*	11.40 Uhr
Fahrtdauer	*2 h 21 min*	3 h 35 min	*4 h 43 min*	2 h 17 min	4 h 50 min

3 Benjamins Schulweg ist 1,175 km lang. Wie viele km Schulweg legt er zurück

a) an einem Tag? *1,175 km · 2 = 2,35 km*

b) in einer Woche (5 Schultage)? *2,35 km · 5 = 11,75 km*

c) in einem Monat (23 Schultage)? *2,35 · 23 = 54,05 km*

d) in einem Jahr (ca. 36 Wochen)? *11,75 km · 36 = 423 km*

4 Ordne die Längen der Größe nach. Beginne mit dem kleinsten Wert.

$\frac{3}{4}$ m; 76 cm; 7,07 dm; 759 mm; 0,001 km; 7 dm 4 cm 9 mm; 0,80 m

7,07 dm < 7 dm 4 cm 9 mm < $\frac{3}{4}$ m < 759 mm < 76 cm < 0,80 m < 0,001 km

5 Nico möchte einen Spielfilm, der von 20.15 Uhr bis 22.20 Uhr gesendet wird, auf einer Blue-ray-Disc mit 135 Minuten Aufnahmedauer aufzeichnen.

Frage	*Reicht die Spielzeit der Scheibe für den Film?*
Rechnung	*Zeitspanne 20.15 Uhr bis 22.20 Uhr: 2 h 05 min* *Spielzeit Blue-ray-Disc: 2 h 15 min*
Antwort	*Die Scheibe ist ausreichend.*

1 Wandle um.

	5 m² 3 dm²	2,04 m²	4 m² 30 cm²	0,025 m²
in dm²	*503*	*204*	*400,3(0)*	*2,5*
in cm²	*50 300*	*20 400*	*40 030*	*250*

2 a) 90 000 cm³ = *90* dm³ b) 79,056 dm³ = *79 056* cm³

c) 6 080 mm³ = *6,08* cm³ d) 36,07 cm³ = *36 070* mm³

e) 32 050 dm³ = *32,05* m³ f) 13,009 m³ = *13 009* dm³

3 <, > oder =?

a) $4\frac{1}{2}$ m³ (*>*) 4 m³ 50 dm³ b) 2 dm³ (*<*) 2 125 cm³ c) 6,08 dm³ (*=*) 6 080 cm³

4 Ergänze die Tabelle.

	a)	b)	c)	d)	e)	f)	g)
Grundfläche G	32 m²	60 dm²	*30 cm²*	10 mm²	28 cm²	*19 dm²*	25 m²
Höhe h	5 m	*12 dm*	15 cm	16 mm	5 cm	9 dm	*11 m*
Volumen V	*160 m³*	720 dm³	450 cm³	*160 mm³*	*140 cm³*	171 dm³	275 m³

5 Berechne die Oberfläche und das Volumen der Körper.

a)

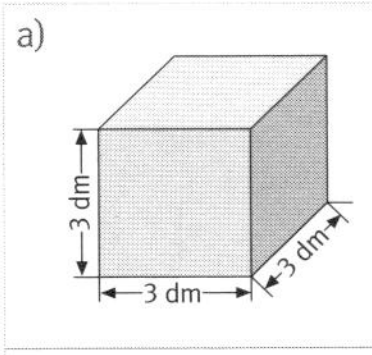

O = 6 · a · a

O = 6 · 3 dm · 3 dm = 54 dm²

V = a · a · a

V = 3 dm · 3 dm · 3 dm = 27 dm³

b)

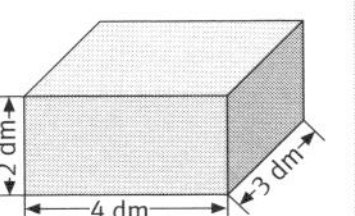

O = 2 · (a · b + a · c + b · c)

O = 2 · (4 dm · 3 dm + 4 dm · 2 dm + 3 dm · 2 dm)

V = 2 · 26 dm² = 52 dm²

V = 4 dm · 3 dm · 2 dm = 24 dm³

c)

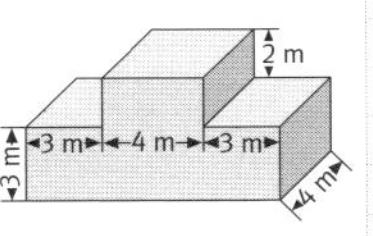

O = 2 · (4 m · 10 m + 4 m · 5 m + 3 m · 10 m + 4 m · 2 m)

= 196 m²

V = 10 m · 4 m · 3 m + 4 m · 4 m · 2 m

= 120 m³ + 32 m³ = 152 m³

1 Finde zu zwei der drei Textaufgaben die Rechenpläne. Trage die Angaben ein und berechne.

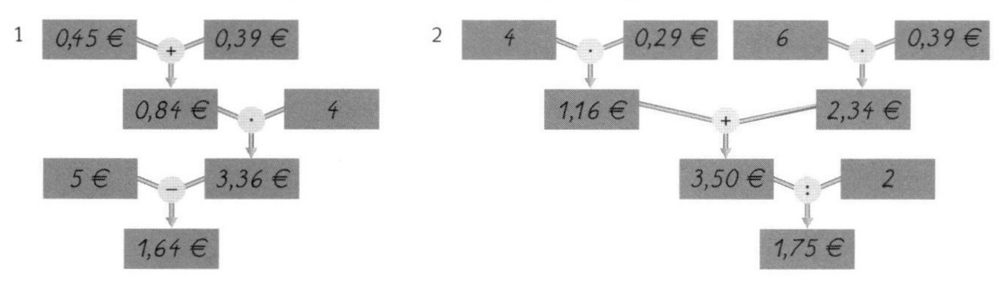

a) Silke kauft sechs DIN-A4-Hefte (Stück: 0,45 €), einen Ordner für 2,95 € und einen Malkasten für 4,75 €.
b) Jens braucht für die Schule vier DIN-A5-Hefte (Stück: 0,29 €) und sechs Farbtöpfchen für seinen Malkasten (Stück: 0,39 €). Mutter bezahlt die Hälfte.
c) Helena kauft vier DIN-A4-Hefte (Stück 0,45 €) und vier passende Umschläge (Stück: 0,39 €). Sie bezahlt mit einem 5-€-Schein.

2 Eine Schule schafft für den Schwimmunterricht 14 Schwimmbretter zu je 12,50 €, drei Tauchringe zu je 4,20 € und 14 Paar Flossen zu je 10,50 € an. Wie viel Geld muss die Schule aufbringen? Suche die zwei passenden Rechenpläne und berechne.

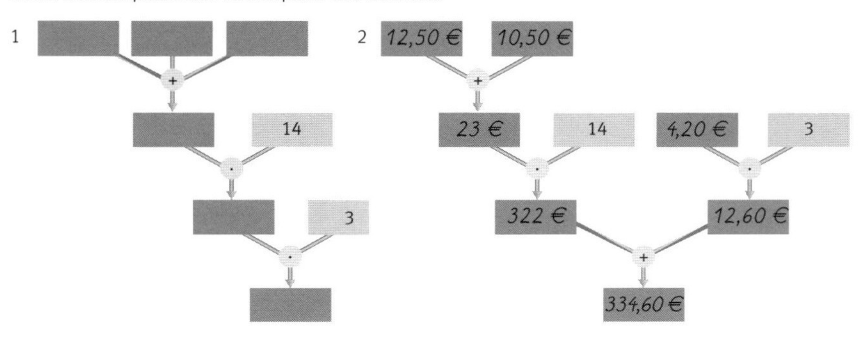

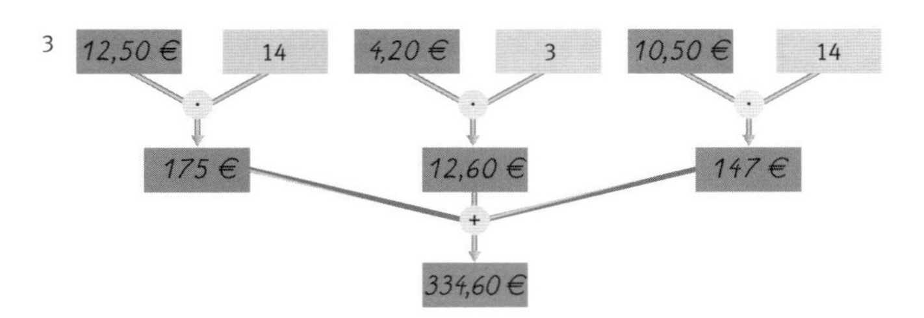

Antwort: *Die Schule muss insgesamt 334,60 € aufbringen.*

1 Ein Fahrradgeschäft wird mit zwei Sporträdern und drei Standardrädern für insgesamt 2 435 € beliefert. Ein Sportrad kostet 649 €. Wie viel kostet ein Standardrad?

649 € | 649 € | ? | ? | ?
2435 €

649 € · 2 = 1298 €

2 435 €
– 1 298 €
1 137 €

1 137 € : 3 = 379 €
– 9
23
– 21
27
– 27
0

Die Aufgabe kann auch mithilfe einer Gleichung gelöst werden.
2 · 649 + 3 · s = 2 435
1 298 + 3 · s = 2 435 | –1298
3 · s = 1 137 | :3
s = 379
Ein Standardrad kostet 379 €.

2 Ein Zug fährt von Burgstadt nach Großheim. Bei den dazwischenliegenden Stationen hält er jeweils für drei Minuten. Die Entfernung zwischen den Orten beträgt 72 km, 42,8 km, 39,4 km und 55,8 km. Durchschnittlich legt der Zug 70 km in einer Stunde zurück.

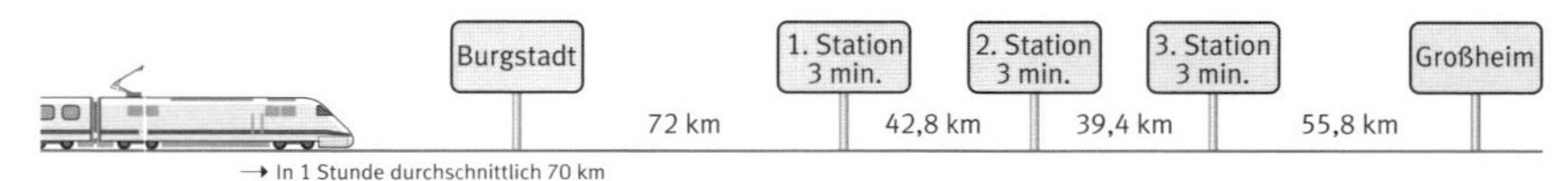

a) Wie lange ist der Zug unterwegs?
b) Wann kommt er in Großheim an, wenn er in Burgstadt um 6.57 Uhr abfährt?

72,0 km
42,8 km
39,4 km
+ 55,8 km
210,0 km

210 : 70 = 3

3 · 3 min = 9 min

6.57 Uhr $\xrightarrow{3\,h\,9\,min}$ 10.06 Uhr

Der Zug ist 3 h 9 min unterwegs und kommt um 10.06 Uhr an.

3 Tim, Tom und Max teilen zwei Tafeln Schokolade gleichmäßig unter sich auf. Jede Tafel hat 24 Stückchen. Max teilt nochmals mit drei Freunden. Wie viele Stückchen und welchen Bruchteil der ganzen verfügbaren Schokolade behält Max für sich? Hier hilft eine Skizze.

Tim | Tom

Tom | 1. Freund | 2. Freund | 3. Freund | Max

Max erhält 4 Stückchen, das sind $\frac{4}{48}$ bzw. $\frac{1}{12}$ der ganzen verfügbaren Schokolade.

1 Gib die Wahrscheinlichkeit beim einmaligen Würfeln als Bruchzahl an für folgende Ereignisse:

a) eine 6 $\frac{1}{6}$ b) eine 1 $\frac{1}{6}$

c) gerade Zahl $\frac{3}{6} = \frac{1}{2}$ d) Zahl unter 5 $\frac{4}{6} = \frac{2}{3}$

e) Zahl zwischen 2 und 4 $\frac{1}{6}$ f) Zahl größer als 3 und kleiner als 6 $\frac{2}{6} = \frac{1}{3}$

g) eine 1, 2, 3 oder 4 $\frac{4}{6} = \frac{2}{3}$ h) weder 1 noch 3 $\frac{4}{6} = \frac{2}{3}$

2 In einer Schachtel befinden sich 7 rote, 5 blaue und 3 grüne Kugeln. Man zieht „blind“ eine Kugel aus der Schachtel, sodass auf jede Kugel die gleiche Wahrscheinlichkeit kommt.

a) Wie hoch ist die Wahrscheinlichkeit, eine grüne Kugel zu ziehen? $\frac{3}{15} = \frac{1}{5}$

b) Wie hoch ist die Wahrscheinlichkeit, keine blaue Kugel zu ziehen? $\frac{10}{15} = \frac{2}{3}$

c) Wie hoch ist die Wahrscheinlichkeit, eine rote oder blaue Kugel zu ziehen? $\frac{12}{15} = \frac{4}{5}$

d) Wie hoch ist die Wahrscheinlichkeit, eine rote, blaue oder grüne Kugel zu ziehen? 1

3 Du hast zwei Glücksräder zur Verfügung und kannst bei einem von beiden auf jeweils eine Farbe setzen. Für welches Glücksrad entscheidest du dich? Auf welche Farbe setzt du? Begründe.

1

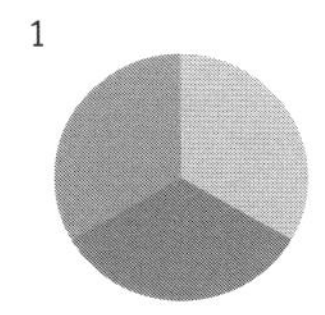

2

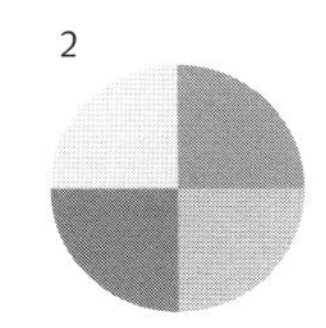

Entscheidung für Glücksrad 1, da die Wahrscheinlichkeit für einen Gewinn bei $\frac{1}{3}$ liegt. Bei Glücksrad 2 ist sie nur bei $\frac{1}{4}$. Die Farbwahl spielt keine Rolle.

4 Eine Münze (Zahl/Wappen) und eine Münze (Zahl/Kopf) werden nacheinander geworfen. Wie viele verschiedene Ausgänge sind möglich? Veranschauliche deine Ergebnisse in einem Baumdiagramm.

Mögliche Ausgänge:

Zahl/Zahl

Zahl/Kopf

Wappen/Zahl

Wappen/Kopf

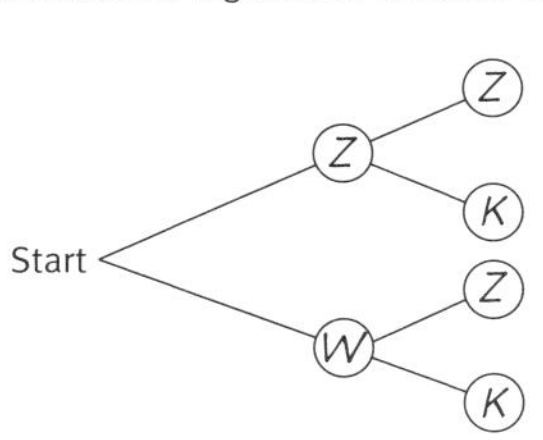

5 Ein Holzwürfel mit 4 cm Kantenlänge wird außen zunächst blau eingefärbt und dann in kleine Würfel mit 1 cm Kantenlänge zerschnitten.
Mit welcher Wahrscheinlichkeit zieht man aus einem Karton mit diesen kleinen Würfeln einen Würfel mit

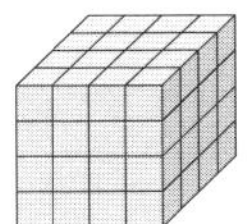

a) keiner blauen Fläche? $\frac{8}{64} = \frac{1}{8}$ b) einer blauen Fläche? $\frac{24}{64} = \frac{3}{8}$

c) zwei blauen Flächen? $\frac{24}{64} = \frac{3}{8}$ d) drei blauen Flächen? $\frac{8}{64} = \frac{1}{8}$

e) vier blauen Flächen? 0 f) vier unbemalten Flächen? $\frac{24}{64} = \frac{3}{8}$

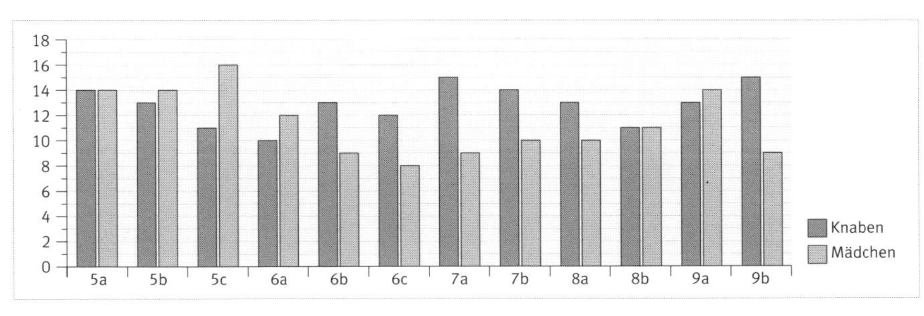

1 Die Grafik zeigt die Schülerverteilung in der Hauptschule am Böhmersteig.

a) Wie viele Knaben gehen in diese Schule?	*14 + 13 + 11 + 10 + 13 + 12 + 15 + 14 + 13 + 11 + 13 + 15 = 154*
b) Wie viele Mädchen besuchen diese Schule?	*14 + 14 + 16 + 12 + 9 + 8 + 9 + 10 + 10 + 11 + 14 + 9 = 136*
c) Wie viele Schüler hat die Schule insgesamt?	*154 + 136 = 290*
d) Welche Klasse hat die meisten Schüler?	*Die Klasse 5a hat die meisten Schüler (28).*
e) $\frac{3}{4}$ der Sechstklässer sind Fahrschüler.	$(22 + 22 + 20) \cdot \frac{3}{4} = 48$
f) $\frac{2}{3}$ der Neuntklässer besitzen ein Mofa.	$(27 + 24) \cdot \frac{2}{3} = 34$
g) 12 Schüler der 7. Jahrgangsstufe sind Stadtschüler. Welcher Bruchteil ist das?	$\frac{12}{48} = \frac{1}{4}$
h) An einem Freitag sind die 8. Klassen auf Betriebserkundung. 13 Schüler sind krank. Welcher Bruchteil der Schüler befindet sich in der Schule?	$290 - (23 + 22 + 13) = 232$ $\frac{232}{290} = \frac{8}{10} = \frac{4}{5}$

2 Versuche, die obige Darstellung mit einem Tabellenkalkulationsprogramm am PC darzustellen.

1 Die Kinder von Familie Sailer möchten eine rechteckige Umzäunung für ihre Hasen bauen. Sie haben 18 m Hasenzaun gekauft. Eine Seite des Geheges wird 4 m lang. Wie lang wird die andere Seite?

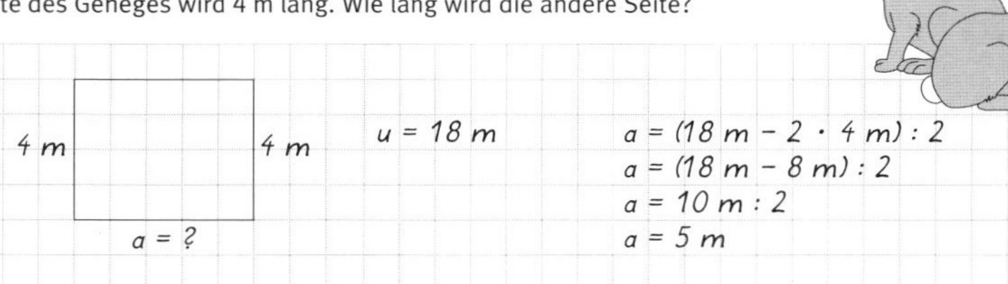

u = 18 m

a = (18 m − 2 · 4 m) : 2
a = (18 m − 8 m) : 2
a = 10 m : 2
a = 5 m

Die andere Seite der Umzäunung wird 5 m lang.

2 Die Kinder von Familie Weidner möchten eine rechteckige Umzäunung für ihre Hasen bauen. Im Baumarkt gibt es einen Restposten Hasenzaun von 20 m Länge.

Frage: *Wie lang, wie breit wird die Umzäunung?*

Mögliche Lösungen:

a = 9 m	*b = 1 m*
a = 8 m	*b = 2 m*
a = 7 m	*b = 3 m*
a = 6 m	*b = 4 m*
a = 5 m	*b = 5 m*

9 m — 1 m
8 m — 2 m
7 m — 3 m
6 m — 4 m
5 m — 5 m

3 Die Kinder von Familie Breu bauen eine Umzäunung für ihre Hasen. Sie haben 24 m Hasenzaun gekauft.

Frage: *Wie kann die Umzäunung aussehen?*

Mögliche Lösungen:
Rechtecke: a = 6 m; b = 6 m | a = 7 m; b = 5 m | a = 8 m; b = 4 m | …
Dreieck: a = b = c = 8 m
Raute: a = 6 m
Parallelogramm: Seitenlängen wie im Rechteck

Selbsteinschätzung					
Ich kann …	−−	−	+	++	Seite / Aufgabe
mit € und Ct rechnen.					40/1–40/3
mit Gewichten rechnen.					41/1–41/4
mit Zeiten und Längen rechnen.					42/1–42/5
mit Flächen- und Rauminhalten rechnen.					43/1–43/5
Zusammenhänge mit Rechenplänen und Skizzen erschließen.					44/1–44/2, 45/1–45/3
Wahrscheinlichkeiten bestimmen.					46/1–46/5
Grafiken auswerten.					47/1–47/2
offene Aufgaben bearbeiten.					48/1–48/3

1 Umrahme Gleichung, Umkehraufgabe und Lösung mit gleicher Farbe.

a)

Gleichung	Umkehraufgabe	Lösung
x + 13 = 41	x = 17 + 9	x = 26
x − 17 = 9	x = 41 − 14	x = 26
x − 32 = 25	x = 32 − 25	x = 57
14 + x = 41	x = 41 − 13	x = 27
25 + x = 32	x = 25 + 32	x = 7
x − 9 = 17	x = 9 + 17	x = 28

b)

Gleichung	Umkehraufgabe	Lösung
9 · x = 27	x = 13 · 4	x = 3
2 · x = 38	x = 27 : 3	x = 42
x : 4 = 13	x = 27 : 9	x = 9
x : 3 = 14	x = 14 · 3	x = 19
x : 9 = 2	x = 2 · 9	x = 52
x · 3 = 27	x = 38 : 2	x = 18

2 Löse durch die Umkehraufgabe.

a) 17 + x = 35

b) x + 21 = 49

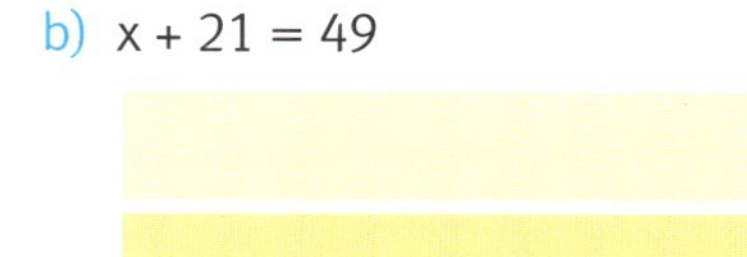

c) x − 44 = 19

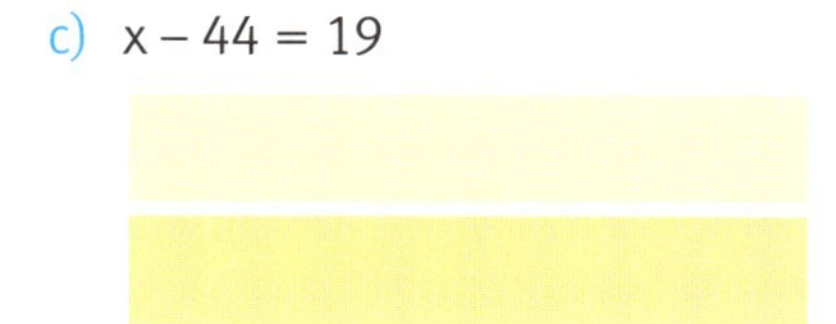

d) x − 23 = 12

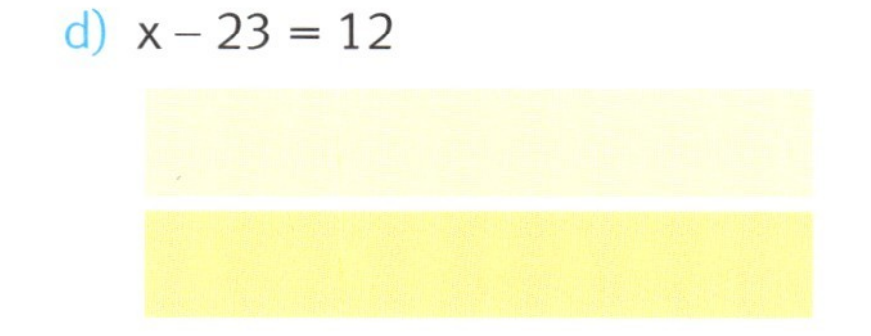

e) 9 · x = 45

f) x · 17 = 51

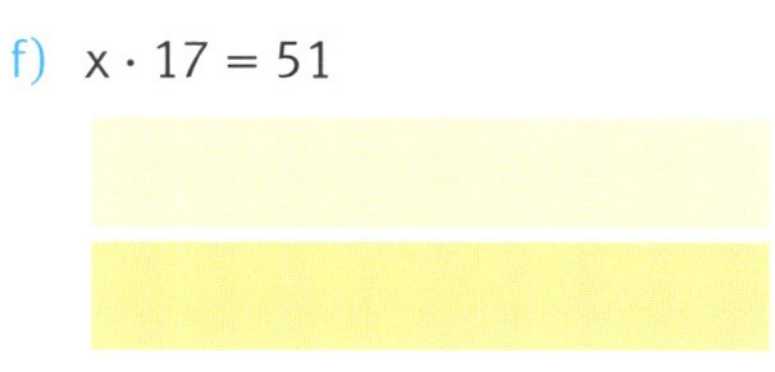

g) x : 5 = 7

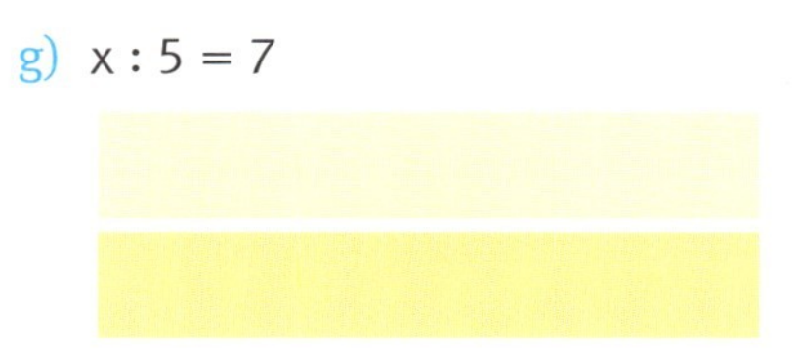

h) x : 3 = 4

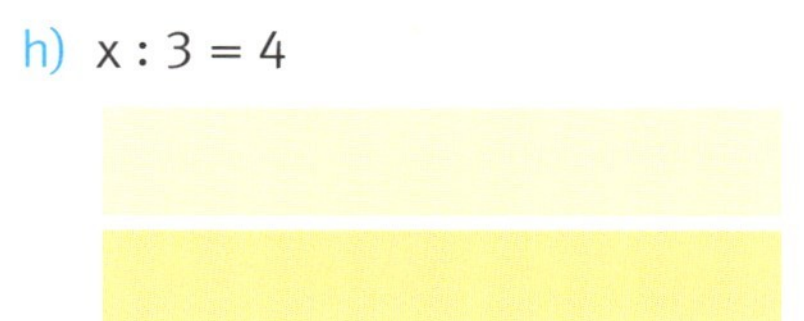

i) 2 · x = 16

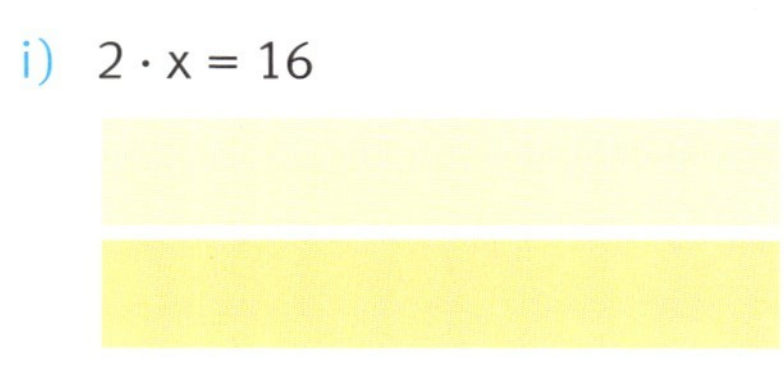

j) 16 + x = 59

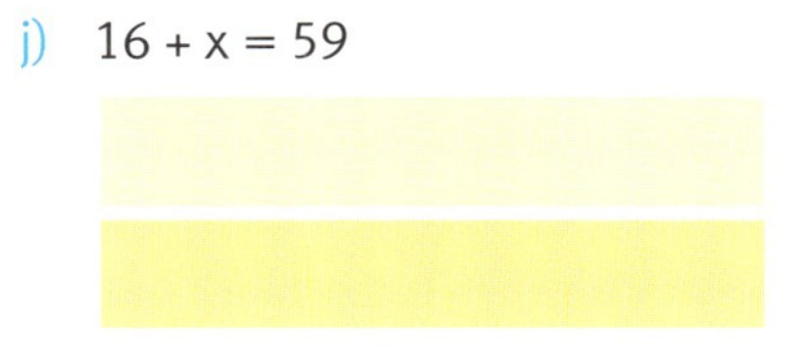

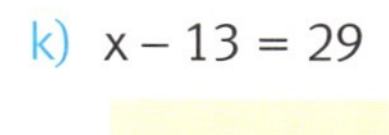

k) x − 13 = 29

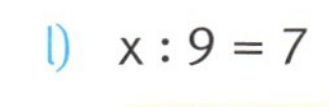

l) x : 9 = 7

3 Löse mithilfe von Umkehraufgaben.

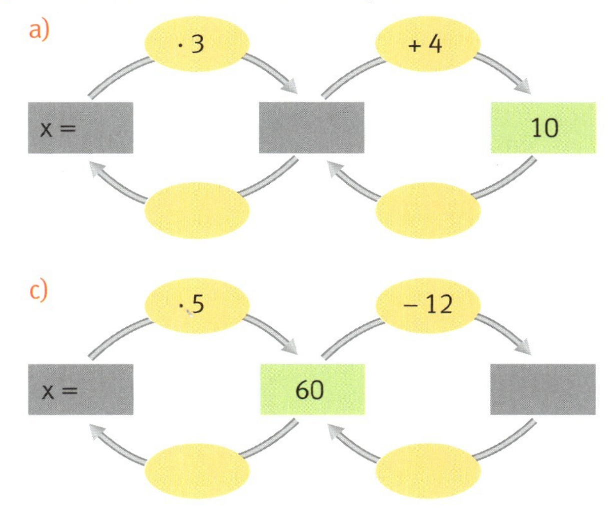

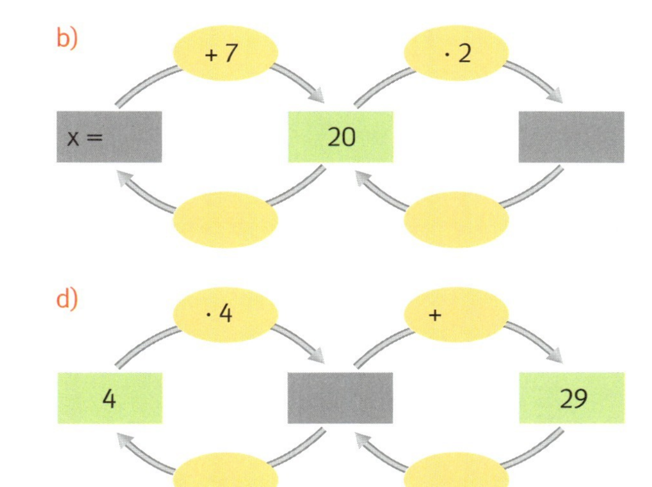

Gleichungen äquivalent umformen

1 Löse die Gleichung zuerst zeichnerisch, dann durch Rechnung.

a)

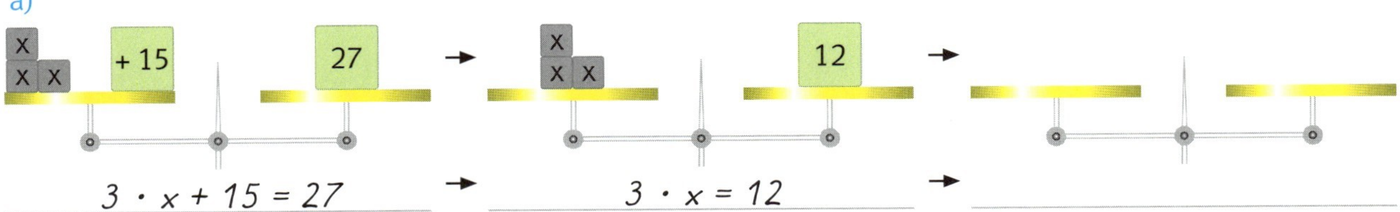

$3 \cdot x + 15 = 27$ → $3 \cdot x = 12$ →

b)

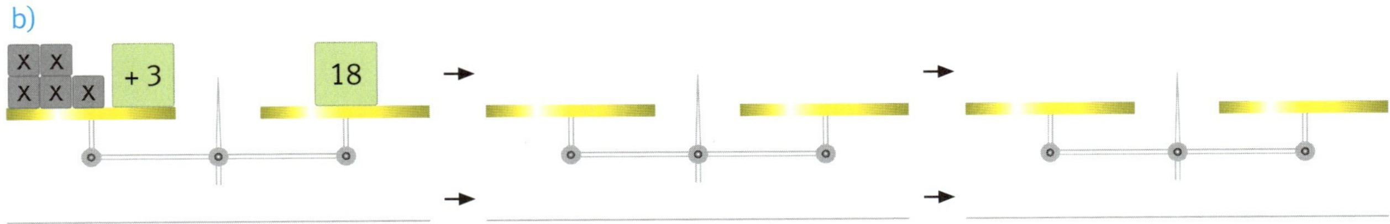

c)

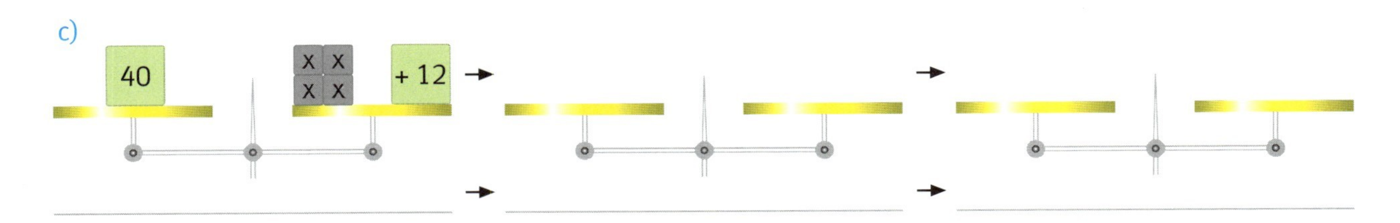

2 Ordne Waagen und Gleichungen einander zu und löse dann.

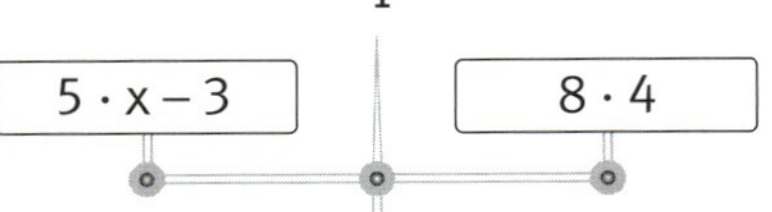

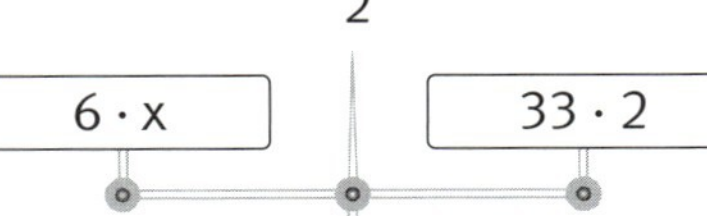

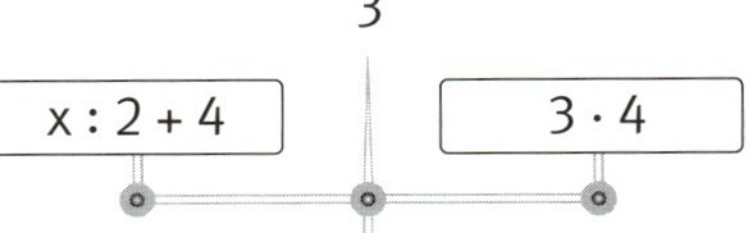

a) $6 \cdot x = 33 \cdot 2$

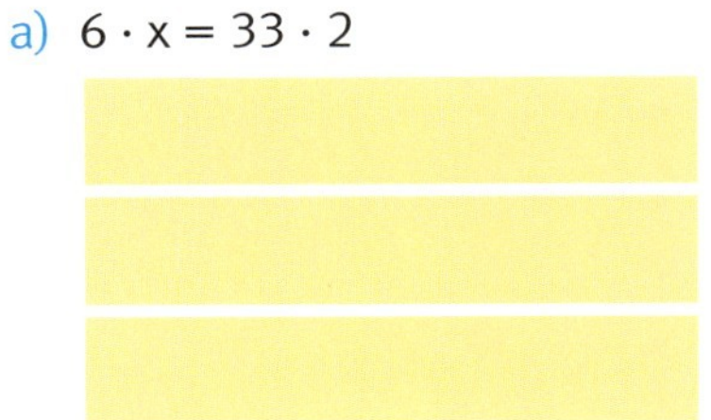

b) $x : 2 + 4 = 3 \cdot 4$

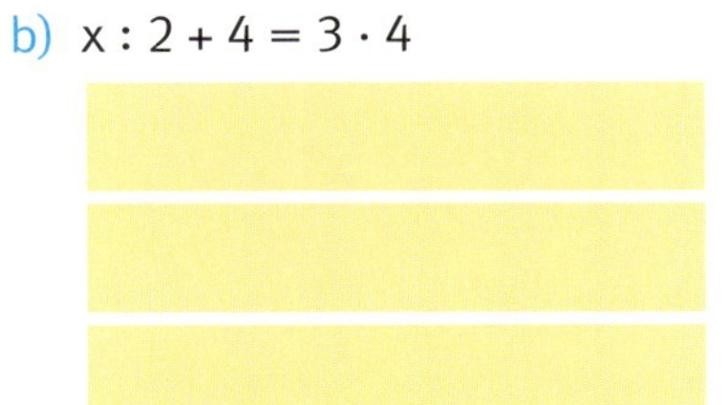

c) $5 \cdot x - 3 = 8 \cdot 4$

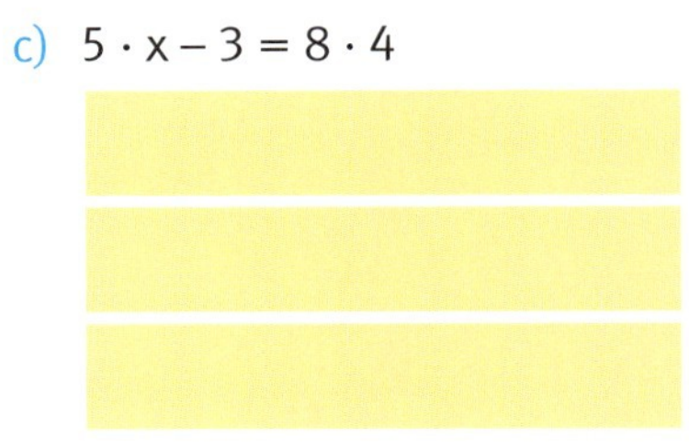

3 Löse durch äquivalentes Umformen.

a) $3 \cdot x + 28 = 74 : 2$

b) $78 : 3 = 6 + 4 \cdot x$

c) $7 \cdot x + 4 = 5 \cdot 12$

d) $26 + 2 \cdot x = 200 : 5$

1

Text	a) Wenn man eine Zahl mit 5 multipliziert und dann um 4 vermindert, erhält man 21.	b) Wenn man zu der Zahl 47 eine unbekannte Zahl addiert, erhält man das 7-Fache von 12.
Gleichung	☐ · 5 − 4 = 21 ☐	47 + ☐ = 7 · 12
Lösung	☐ · 5 = 21 + 4 ☐ ☐ = ______	

2

Text	a) Peter kauft eine DVD zu 18,85 € und 3 CDs. Er legt der Kassiererin 70 € hin und erhält 2,10 € zurück. Wie viel kostet eine CD?	b) Herr Seifert hat in seinem Tank noch 1 672 l Heizöl. Er lässt den Tank, der 6 000 l fasst, nun auffüllen. Wie viel muss er Herr Seifert bezahlen, wenn 1 l Heizöl 32 Ct kostet?
Gleichung		
Lösung		

3

Text	a) Die Wände eines Zimmers (l = 4 m, b = 5 m, h = 2,20 m) sollen neu gestrichen werden. Die beiden Fenster (je 2,25 m^2) und die Tür (a = 1,20 m, b = 2,10 m) bleiben ausgespart. Wie groß ist die zu bearbeitende Fläche?	b) Herr Redlich kauft 2 kg Orangen und 3 kg Äpfel. Die Orangen kosten pro kg um die Hälfte mehr als die Äpfel. Insgesamt bezahlt Herr Redlich 12 €. Berechne jeweils den Preis für 1 kg Orangen und Äpfel.
Gleichung		
Lösung		

Selbsteinschätzung					
Ich kann ...	− −	−	+	+ +	Seite / Aufgabe
Rechenregeln anwenden und Terme umformen.					34/1–34/4, 35/1–35/5
Terme mit Variablen berechnen.					36/1–36/4
Gleichungen mit Umkehraufgaben lösen.					37/1–37/3
Gleichungen äquivalent umformen.					38/1–38/3
Gleichungen aufstellen und lösen.					39/1–39/3

1 Welchen Geldbetrag ergibt ein kompletter Satz Euro-Scheine und -Münzen?

Scheine:	Münzen:	gesamt:
500 €	2 €	
200 €		

2

Betrag 1	17,20 €	89,60 €		640,20 €	456,78 €
Betrag 2	5,80 €		56,70 €	91,90 €	
Summe		100,00 €	156,90 €		1 000,00 €

3 Tanja und Michael kaufen Schulsachen.

Sonderangebot	
Heft	0,49 €
Block	0,75 €
Bleistift	0,28 €
Füller	6,98 €

7 Hefte
4 Blöcke
3 Bleistifte
1 Füller

Tanja

8 Hefte
3 Blöcke
4 Bleistifte
1 Füller

Michael

a) Überschlage, wie viel jeder bezahlen muss und rechne dann genau.

Überschlag Tanja:

Überschlag Michael:

b) Wie viel Geld erhalten sie jeweils zurück, wenn jeder mit einem 20-€-Schein bezahlt?

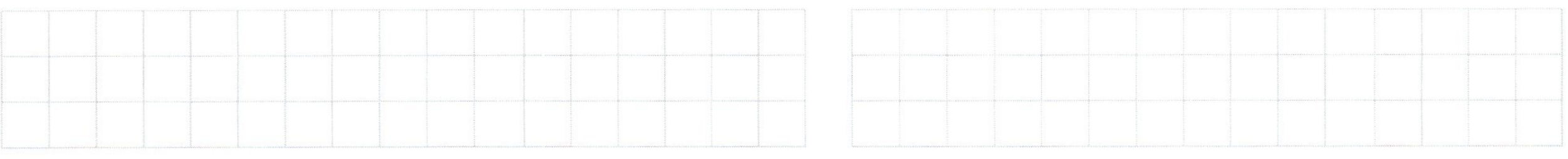

c) Wie viele Hefte hätte Tanja gekauft, wenn sie insgesamt 16,21 € bezahlen müsste?

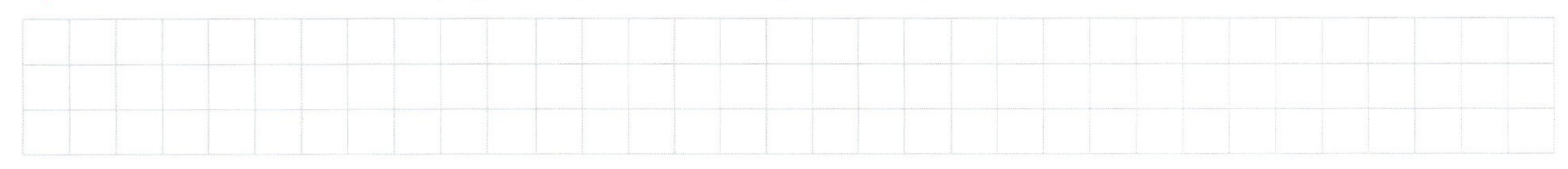

1 Ergänze.

1 kg =	g		$2\frac{3}{4}$ kg =	g		1,25 t =	kg
1 t =	kg		0,05 t =	kg		6,25 kg =	g
5 kg 500 g =	kg		3 kg 2 g =	g		7 t 30 kg =	kg
8 500 g =	kg		30 040 g =	kg		1 408 kg =	t

2 Auf eine Palette (Eigengewicht 10 kg) sind fünf Schichten mit je acht Ziegelsteinen gestapelt.

a) Wie viel wiegt eine komplette Palette, wenn ein Ziegelstein 18,5 kg wiegt?

b) Ein Lkw kann noch 4 t zuladen. Wie viele ganze Paletten kann er noch transportieren?

c) Welches Gewicht hätte eine Palette, wenn $\frac{3}{4}$ der Steine der obersten Reihe fehlen?

d) Welches Gewicht hätte ein Ziegelstein bei einem Gesamtgewicht einer Palette von 0,69 t?

3 Ergänze die Zahlenmauern.

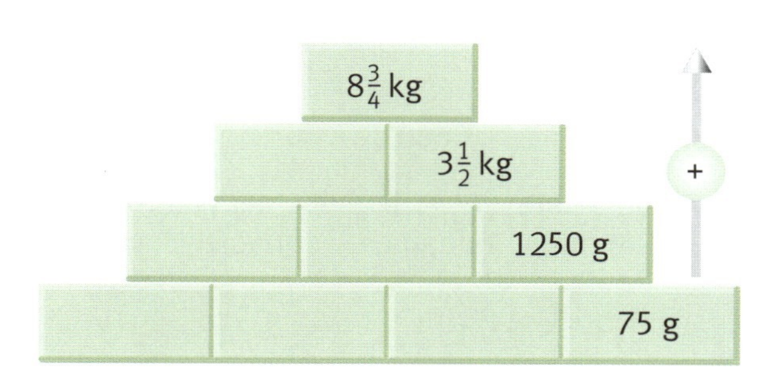

4 <, > oder =?

a)
40 t ◯ 40 000 kg
9 kg 6 g ◯ 9 060 g
9,48 t ◯ 9 048 kg

b)
5 400 g ◯ 5 kg 40 g
5 720 mg ◯ 572 g
8 kg 30 mg ◯ 8,3 kg

c)
37 g ◯ 37 000 mg
6 t 5 kg 4 g ◯ 6 005 004 g
800 kg ◯ 80 000 g

1 Notiere die Uhrzeiten und ermittle die jeweils dazwischenliegende Zeitspanne.

a) Tag: b) Nacht:

Uhrzeit: ______ ______ ______ ______ ______ ______

Zeitspanne: ______ ______ ______ ______

2 Trage die fehlenden Werte ein.

	a)	b)	c)	d)	e)
Abfahrt	8.24 Uhr	16.08 Uhr	17.53 Uhr	21.48 Uhr	
Ankunft	10.45 Uhr		22.36 Uhr		11.40 Uhr
Fahrtdauer		3 h 35 min		2 h 17 min	4 h 50 min

3 Benjamins Schulweg ist 1,175 km lang. Wie viele km Schulweg legt er zurück

a) an einem Tag?

b) in einer Woche (5 Schultage)?

c) in einem Monat (23 Schultage)?

d) in einem Jahr (ca. 36 Wochen)?

4 Ordne die Längen der Größe nach. Beginne mit dem kleinsten Wert.

$\frac{3}{4}$ m; 76 cm; 7,07 dm; 759 mm; 0,001 km; 7 dm 4 cm 9 mm; 0,80 m

______

______

5 Nico möchte einen Spielfilm, der von 20.15 Uhr bis 22.20 Uhr gesendet wird, auf einer Blue-ray-Disc mit 135 Minuten Aufnahmedauer aufzeichnen.

Frage	
Rechnung	
Antwort	

1 Wandle um.

	$5\ m^2\ 3\ dm^2$	$2{,}04\ m^2$	$4\ m^2\ 30\ cm^2$	$0{,}025\ m^2$
in dm^2				
in cm^2				

2 a) $90\,000\ cm^3$ = ________ dm^3 b) $79{,}056\ dm^3$ = ________ cm^3

c) $6\,080\ mm^3$ = ________ cm^3 d) $36{,}07\ cm^3$ = ________ mm^3

e) $32\,050\ dm^3$ = ________ m^3 f) $13{,}009\ m^3$ = ________ dm^3

3 <, > oder = ?

a) $4\frac{1}{2}\ m^3$ ◯ $4\ m^3\ 50\ dm^3$ b) $2\ dm^3$ ◯ $2\,125\ cm^3$ c) $6{,}08\ dm^3$ ◯ $6\,080\ cm^3$

4 Ergänze die Tabelle.

	a)	b)	c)	d)	e)	f)	g)
Grundfläche G	$32\ m^2$	$60\ dm^2$		$10\ mm^2$	$28\ cm^2$		$25\ m^2$
Höhe h	5 m		15 cm	16 mm	5 cm	9 dm	
Volumen V		$720\ dm^3$	$450\ cm^3$			$171\ dm^3$	$275\ m^3$

5 Berechne die Oberfläche und das Volumen der Körper.

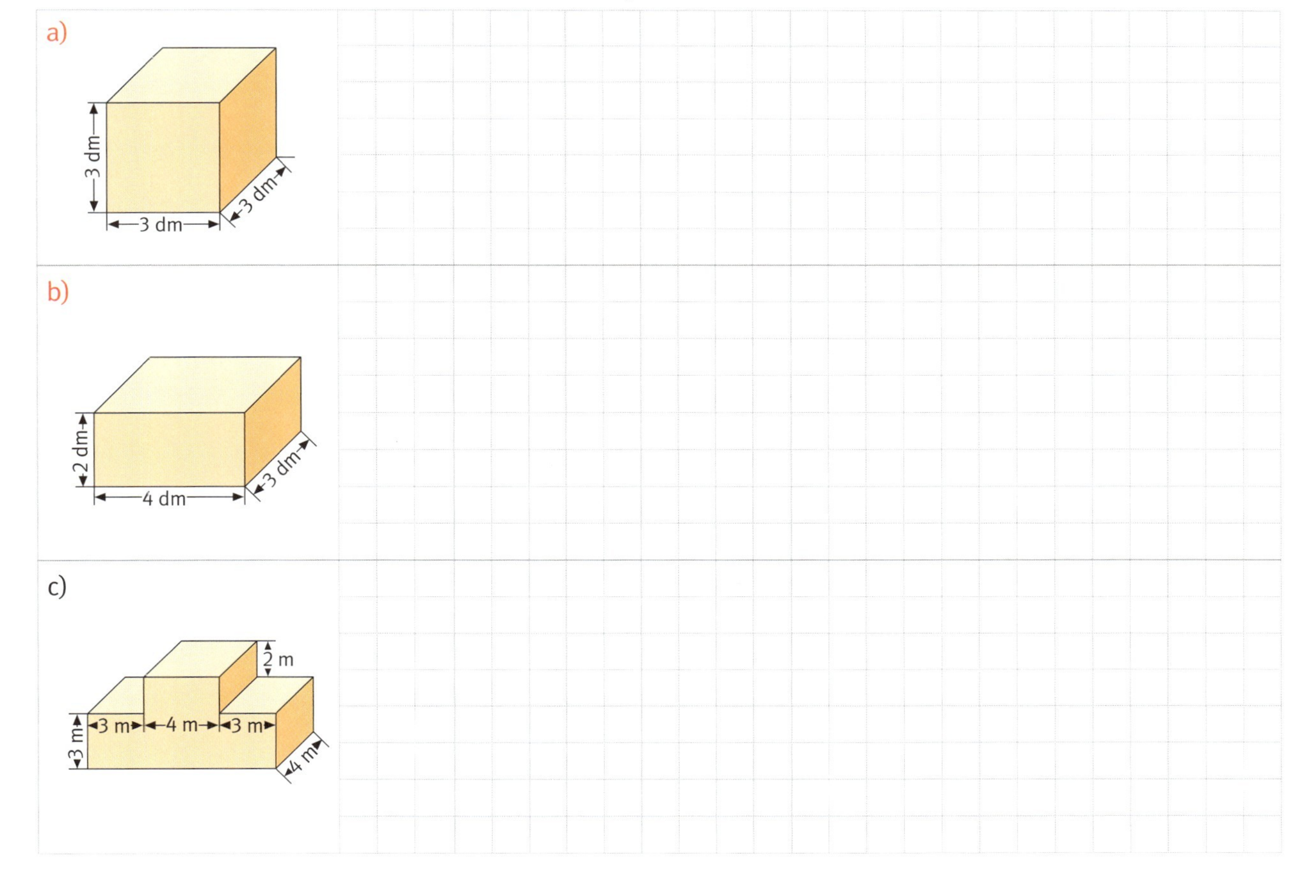

Zusammenhänge mit Rechenplänen erschließen

1 Finde zu zwei der drei Textaufgaben die Rechenpläne. Trage die Angaben ein und berechne.

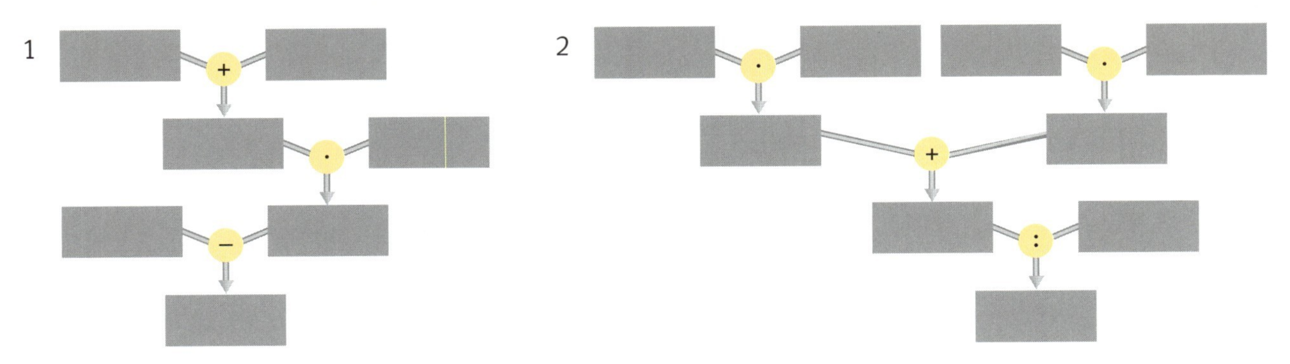

a) Silke kauft sechs DIN-A4-Hefte (Stück: 0,45 €), einen Ordner für 2,95 € und einen Malkasten für 4,75 €.

b) Jens braucht für die Schule vier DIN-A5-Hefte (Stück: 0,29 €) und sechs Farbtöpfchen für seinen Malkasten (Stück: 0,39 €). Mutter bezahlt die Hälfte.

c) Helena kauft vier DIN-A4-Hefte (Stück 0,45 €) und vier passende Umschläge (Stück: 0,39 €). Sie bezahlt mit einem 5-€-Schein.

2 Eine Schule schafft für den Schwimmunterricht 14 Schwimmbretter zu je 12,50 €, drei Tauchringe zu je 4,20 € und 14 Paar Flossen zu je 10,50 € an. Wie viel Geld muss die Schule aufbringen? Suche die zwei passenden Rechenpläne und berechne.

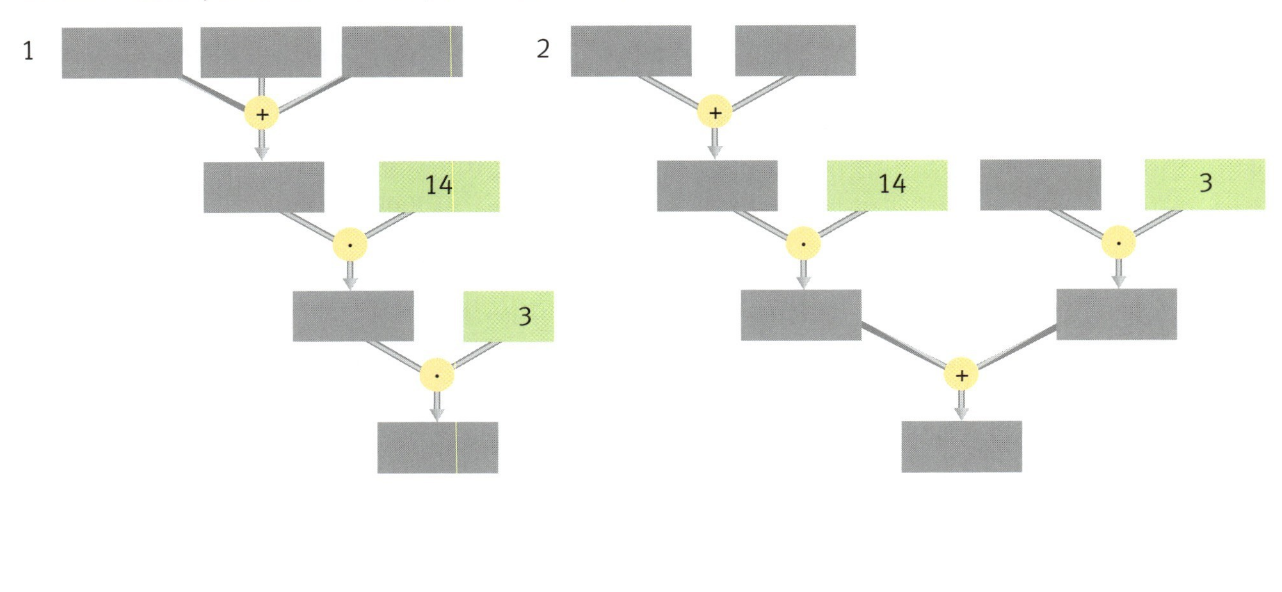

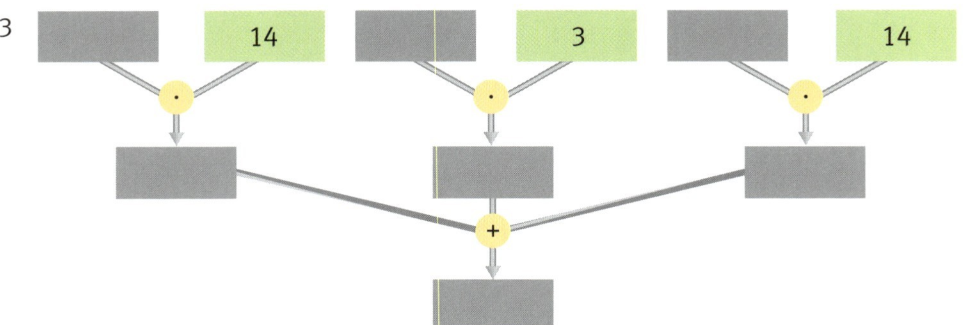

Antwort: ______________________________

1 Ein Fahrradgeschäft wird mit zwei Sporträdern und drei Standardrädern für insgesamt 2 435 € beliefert. Ein Sportrad kostet 649 €. Wie viel kostet ein Standardrad?

2 Ein Zug fährt von Burgstadt nach Großheim. Bei den dazwischenliegenden Stationen hält er jeweils für drei Minuten. Die Entfernung zwischen den Orten beträgt 72 km, 42,8 km, 39,4 km und 55,8 km. Durchschnittlich legt der Zug 70 km in einer Stunde zurück.

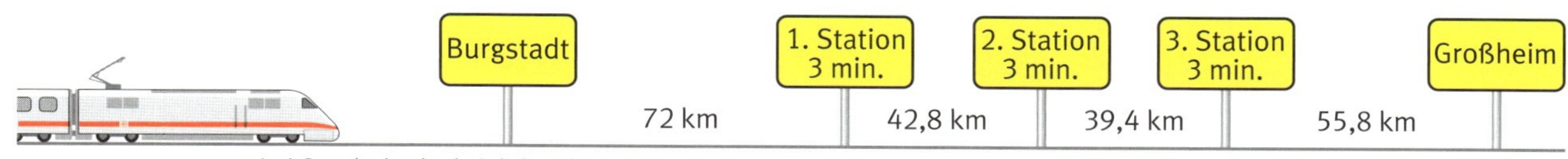

a) Wie lange ist der Zug unterwegs?
b) Wann kommt er in Großheim an, wenn er in Burgstadt um 6.57 Uhr abfährt?

3 Tim, Tom und Max teilen zwei Tafeln Schokolade gleichmäßig unter sich auf. Jede Tafel hat 24 Stückchen. Max teilt nochmals mit drei Freunden. Wie viele Stückchen und welchen Bruchteil der ganzen verfügbaren Schokolade behält Max für sich? Hier hilft eine Skizze.

Wahrscheinlichkeiten bestimmen

1 Gib die Wahrscheinlichkeit beim einmaligen Würfeln als Bruchzahl an für folgende Ereignisse:

a) eine 6 ____________
b) eine 1 ____________
c) gerade Zahl ____________
d) Zahl unter 5 ____________
e) Zahl zwischen 2 und 4 ____________
f) Zahl größer als 3 und kleiner als 6 ____________
g) eine 1, 2, 3 oder 4 ____________
h) weder 1 noch 3 ____________

2 In einer Schachtel befinden sich 7 rote, 5 blaue und 3 grüne Kugeln. Man zieht „blind" eine Kugel aus der Schachtel, sodass auf jede Kugel die gleiche Wahrscheinlichkeit kommt.

a) Wie hoch ist die Wahrscheinlichkeit, eine grüne Kugel zu ziehen?

b) Wie hoch ist die Wahrscheinlichkeit, keine blaue Kugel zu ziehen?

c) Wie hoch ist die Wahrscheinlichkeit, eine rote oder blaue Kugel zu ziehen?

d) Wie hoch ist die Wahrscheinlichkeit, eine rote, blaue oder grüne Kugel zu ziehen?

3 Du hast zwei Glücksräder zur Verfügung und kannst bei einem von beiden auf jeweils eine Farbe setzen. Für welches Glücksrad entscheidest du dich? Auf welche Farbe setzt du? Begründe.

1 2

____

____

____

4 Eine Münze (Zahl/Wappen) und eine Münze (Zahl/Kopf) werden nacheinander geworfen. Wie viele verschiedene Ausgänge sind möglich? Veranschauliche deine Ergebnisse in einem Baumdiagramm.

Mögliche Ausgänge:

____

____

____

____

Start

5 Ein Holzwürfel mit 4 cm Kantenlänge wird außen zunächst blau eingefärbt und dann in kleine Würfel mit 1 cm Kantenlänge zerschnitten.
Mit welcher Wahrscheinlichkeit zieht man aus einem Karton mit diesen kleinen Würfeln einen Würfel mit

a) keiner blauen Fläche? ____________
b) einer blauen Fläche? ____________
c) zwei blauen Flächen? ____________
d) drei blauen Flächen? ____________
e) vier blauen Flächen? ____________
f) vier unbemalten Flächen? ____________

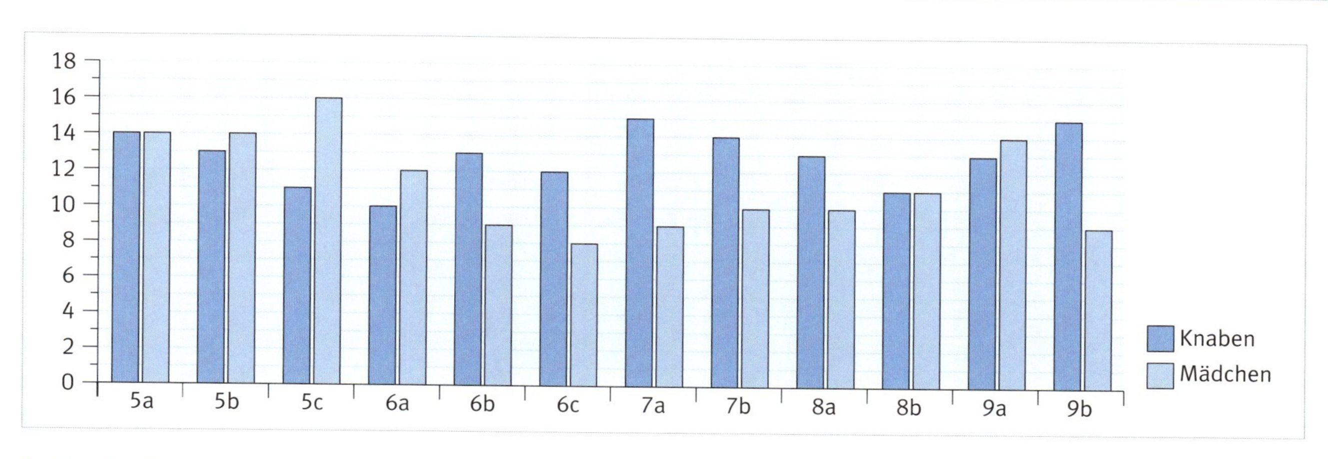

1 Die Grafik zeigt die Schülerverteilung in der Hauptschule am Böhmersteig.

a) Wie viele Knaben gehen in diese Schule?	
b) Wie viele Mädchen besuchen diese Schule?	
c) Wie viele Schüler hat die Schule insgesamt?	
d) Welche Klasse hat die meisten Schüler?	
e) $\frac{3}{4}$ der Sechstklässer sind Fahrschüler.	
f) $\frac{2}{3}$ der Neuntklässer besitzen ein Mofa.	
g) 12 Schüler der 7. Jahrgangsstufe sind Stadtschüler. Welcher Bruchteil ist das?	
h) An einem Freitag sind die 8. Klassen auf Betriebserkundung. 13 Schüler sind krank. Welcher Bruchteil der Schüler befindet sich in der Schule?	

2 Versuche, die obige Darstellung mit einem Tabellenkalkulationsprogramm am PC darzustellen.

Offene Aufgaben bearbeiten

1 Die Kinder von Familie Sailer möchten eine rechteckige Umzäunung für ihre Hasen bauen. Sie haben 18 m Hasenzaun gekauft. Eine Seite des Geheges wird 4 m lang. Wie lang wird die andere Seite?

2 Die Kinder von Familie Weidner möchten eine rechteckige Umzäunung für ihre Hasen bauen. Im Baumarkt gibt es einen Restposten Hasenzaun von 20 m Länge.

Frage: ______________________________

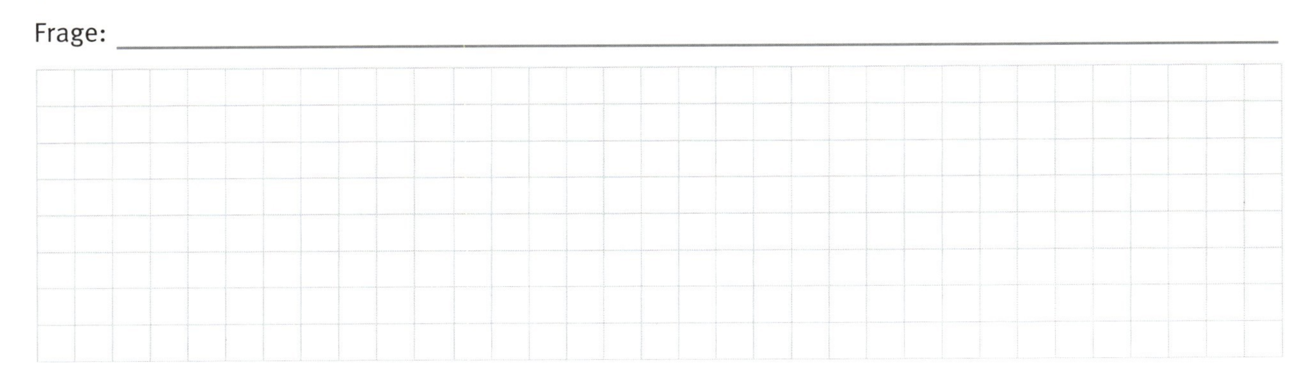

3 Die Kinder von Familie Breu bauen eine Umzäunung für ihre Hasen. Sie haben 24 m Hasenzaun gekauft.

Frage: ______________________________

Selbsteinschätzung					
Ich kann ...	– –	–	+	+ +	Seite / Aufgabe
mit € und Ct rechnen.					40/1–40/3
mit Gewichten rechnen.					41/1–41/4
mit Zeiten und Längen rechnen.					42/1–42/5
mit Flächen- und Rauminhalten rechnen.					43/1–43/5
Zusammenhänge mit Rechenplänen und Skizzen erschließen.					44/1–44/2, 45/1–45/3
Wahrscheinlichkeiten bestimmen.					46/1–46/5
Grafiken auswerten.					47/1–47/2
offene Aufgaben bearbeiten.					48/1–48/3